Microbial
Resources
Development
Experiment

微生物资源开发学实验

周 丹 主 编　 韦雪娇　张延威 副主编

化学工业出版社
·北京·

内 容 简 介

本书为微生物资源开发学和应用微生物学课程的实验教材,主要内容包括微生物资源开发过程中的生物安全基础知识、微生物形态观察基础实验、农业微生物资源开发利用实验、食品微生物资源开发利用实验、工业微生物资源开发利用实验、环境微生物资源开发利用实验和中药材微生物资源开发利用实验。在使学生掌握微生物实验基本技能的前提下,突出对应用能力和创新能力的培养,实用性强。

本书可供生物技术、食品、医药、农林、环境等专业的大中专院校师生使用,也可供从事微生物资源应用、开发的技术人员参考。

图书在版编目(CIP)数据

微生物资源开发学实验/周丹主编;韦雪娇,张延威副主编.—北京:化学工业出版社,2022.9
ISBN 978-7-122-41861-6

Ⅰ.①微… Ⅱ.①周…②韦…③张… Ⅲ.①微生物-生物资源-资源开发-实验 Ⅳ.①Q939.9-33

中国版本图书馆 CIP 数据核字(2022)第 128288 号

责任编辑:冉海滢 刘 军 装帧设计:张 辉
责任校对:李雨晴

出版发行:化学工业出版社(北京市东城区青年湖南街13号 邮政编码100011)
印 装:涿州市般润文化传播有限公司
710mm×1000mm 1/16 印张 7½ 字数 120 千字 2023 年 3 月北京第 1 版第 1 次印刷

购书咨询:010-64518888 售后服务:010-64518899
网 址:http://www.cip.com.cn
凡购买本书,如有缺损质量问题,本社销售中心负责调换。

定 价:39.80 元

前 言

　　微生物资源是国家战略性生物资源之一，是农业、林业、工业、医学、药物研究、生物技术研究及微生物产业持续发展的重要物质基础，是支撑微生物科技进步与创新的重要条件，与食品、人类健康、生存环境及国家安全密切相关。微生物资源开发学是微生物应用于生产实际的一门重要课程，是研究微生物资源种类和分布、微生物资源与环境的关系，以及资源的合理开发、应用和有效保护的一门学科。

　　本书为微生物资源开发学和应用微生物学的实验教材，以促进学生知识、能力、素质协调发展为原则，着力体现教材的实用性和实践性，着力培养学生的动手能力，以强化应用为重点，以满足岗位能力需求、培养更多面向生产一线的高素质应用型人才为目的。

　　本书以 2021 年 4 月 15 日实施的《中华人民共和国生物安全法》为指导方针，贯穿"维护国家安全，防范和应对生物安全风险，保障人民生命健康，保护生物资源和生态环境，促进生物技术健康发展，推动构建人类命运共同体，实现人与自然和谐共生"的主旨。本书共七章，包含 26 个实验，每章融入微生物技术科普知识和生物安全知识。具体内容包括：微生物安全基础知识、微生物的形态观察、农业微生物资源开发利用实验、食品微生物资源开发利用实验、工业微生物资源开发利用实验、环境微生物资源开发利用实验和中药材微生物资源开发利用实验。本书从微生物基础应用的角度出发，力求反映微生物资源开发的研究领域和研究技术。

　　本书的编写得到贵州省 2017 年一流大学重点建设项目"应用生物科学

专业教学团队"（黔高教发［2017］158 号）、贵州省教育规划课题（2021B233）、贵州省社会科学界联合会项目（GZLCLH-2021-466）、贵州省科技厅支撑项目（黔科合支撑［2021］一般 245）和贵州师范学院校级教改项目（2020JG16）的共同支持；在编写过程中引用和借鉴了相关著作、教材、文献资料，在此对以上单位及作者表示诚挚的谢意。在此一并感谢贵州师范学院刘讯、黄燕芬和兰世超等以及贵州大学曹文涛的大力支持，他们对本书编写提供了许多宝贵的意见；贵州师范学院古建兰、郭微、陈义琴、陈级、朱梅等参与了大量资料整理工作。

由于时间及水平有限，疏漏之处在所难免，恳请广大师生、同仁批评指正。

编者

2022 年 6 月

目　录

·第一章·
微生物安全基础知识

　　生物安全通常是指生态环境和人体健康面对生物因子造成的潜在威胁，及所采取的一系列有效预防和控制措施。涉及生物安全的实验室有微生物学、生物医学、动物实验、基因重组以及生物制品等研究使用的实验室。

　　微生物实验室是进行微生物教学或研究的场所，其主要功能是进行以微生物为主体的实验，故而可能潜在涉及生物安全问题。由于实验室生物安全与人类生存环境安全息息相关，国家对生物安全的管理高度重视，提出必须有效监控和预防实验室生物污染等管理措施，同时要求加强生物安全防范知识、法律法规等方面的宣传教育。为此，本章围绕生物安全水平、实验室生物安全通用要求、国内外生物安全的防护水平、微生物实验室安全注意事项以及微生物安全相关法律法规等内容进行概述。

科普知识

　　1. "生物安全"的概念于 1976 年 6 月美国国立卫生研究院公布全球首部生物技术研究安全管理规定《重组体 DNA 分子研究工作准则》时被首次提出。

　　2. 美国于 1978 年在马里兰州德特里克堡建成美国第一所 BSL-4 实验室。

　　3. 2015 年 1 月 31 日，中国科学院武汉国家生物安全实验室（即武汉 BSL-4 实验室）在武汉竣工，这是我国乃至亚洲首个建成的 BSL-4 实验室。

　　4. 1983 年世界卫生组织（WHO）出版了《实验室生物安全手册》。

　　5. 2021 年 4 月 15 日《中华人民共和国生物安全法》正式施行。

第一节　生物安全水平

生物安全实验室的防护屏障和管理措施等必须达到要求，以避免实验过程中有害生物因子的危害。根据危险度等级，包括传染病原的传染性和危害性，国际上将生物实验室按照生物安全水平（biosafety level，BSL），以 P1（protection level 1）、P2、P3、P4 表示，其防护水平由低到高。

一、不同生物安全水平的生物实验室

不同生物安全水平的生物实验室操作和安全设施要求如表 1-1 所示。

表 1-1　生物实验室操作及安全设施要求

生物安全水平	防护级别	实验室操作	安全设施
P1	基础教学、研究	GMT	不需要；开放实验台
P2	初级卫生服务；诊断、研究	GMT，防护服、生物危害标志	开放实验台，此外需 BSC 用于防护可能生成的气溶胶
P3	特殊诊断、研究	在二级生物安全水平上增加特殊防护服、进入制度、定向气流	BSC 或其他所有实验室工作所需要的基本设备
P4	特殊诊断、研究	在三级生物安全水平上增加气锁入口、出口淋浴、污染物品的特殊处理	Ⅲ级 BSC 或Ⅱ级 BSC 并穿着正压服、双开门高压灭菌器（穿过墙体）、经过滤的空气

注：BSC—生物安全柜；GMT—微生物操作技术规范。

二、不同级别生物安全防护水平

1.一级生物安全防护水平（BSL-1）

对本科生和实验人员继续培训的基础实验室，以及处理通常对健康成人不致病的活体微生物的实验室应具备该水平。如处理一些非感染性的埃希氏大肠杆菌与组织的培养。主要风险在于许多病原体属机会性病原体，可致儿童、老人以及免疫缺陷或免疫抑制患者感染。BSL-1级水平代表了防扩散的基本水平，它依赖于无特殊初级或二级屏障存在的标准微生物学操作，而不是简单地依赖于洗手盆等清洁设施。

2.二级生物安全防护水平（BSL-2）

临床、诊断、教学和其他处理多种具中等风险的当地病原体的实验室应具备该水平。如处理乙肝病毒、HIV（人类免疫缺陷病毒）、沙门氏菌等具备防扩散水平的微生物。BSL-2级实验室适用于对人血液、体液、组织或原代细胞系等未知其传染病原体存在与否的标本进行的操作。适用于操作我国的第三类（少量二类）病原微生物。二级屏障如洗手盆和废物消毒设施必须完备，以减少潜在的环境污染。微生物操作必须在一级生物安全防护水平的基础上，增加生物安全柜、高压灭菌器等。

3.三级生物安全防护水平（BSL-3）

BSL-3级是指须达到三级屏障要求水平，包括实验室的控制入口和为减少感染性气溶胶从实验室释放的特殊通风系统。该类实验室必须配备生物安全柜或其他密闭容器，如气密型气溶胶发生柜，所有实验操作必须在相关安全设备中完成。适用于操作我国第二类（个别第一类）病原微生物。

4.四级生物安全防护水平（BSL-4）

适用于操作我国第一类病原微生物。Ⅲ级生物安全柜或全身正压防护服能够把实验室工作人员与气溶胶化的感染性材料完全隔离开。一般是独立建筑物，具有复杂的、特殊的通风系统和防止活微生物释放到环境中的污物处理系统，与其他建筑完全隔离。

第二节　实验室生物安全通用要求

一、实验室生物安全的基本要求

《实验室生物安全通用要求》指出，为避免实验室工作人员和来访人员及社区和环境等场所因生物因子而产生不可接受的损害，明确规定实验室的生物安全条件和状态不低于容许水平。因此，规定了不同致病性微生物要求的实验室安全水平等级要求，见表1-2。

表 1-2　微生物实验室安全等级

生物危险的国际符号	描述	安全等级 P1	安全等级 P2	安全等级 P3	安全等级 P4
	普通无害细菌、真菌、病毒	●	●	●	●
	一般性可致病细菌、真菌、病毒		●	●	●
	烈性/致命细菌、真菌、病毒，可治愈			●	●
	烈性/致命细菌、真菌、病毒，不可治愈				●

二、实验室生物安全常用术语

1. 气溶胶

粒径大小在 $0.01\sim100\mu m$ 之间的悬浮于气体介质中的固态或液态微小粒子，其属于相对稳定的分散体系。

2. 生物因子

微生物和生物活性物质。

3. 生物安全柜

一种能有效降低或者避免因实验过程中所产生的有害气溶胶对实验者或

者环境导致危害的操作柜，其具有气流控制及高效空气过滤装置的特点。

三、实验室生物安全危害程度分级

根据生物因子对个体和群体的危害程度将其分为四级。

1.危害等级Ⅰ

属于危害等级Ⅰ的细菌、真菌、病毒和寄生虫等生物因子不会使健康工作者和动物致病，具有低个体危害、低群体危害的特点。

2.危害等级Ⅱ

属于危害等级Ⅱ的生物因子虽然能引起人或动物发病，但因具备有效治疗和预防措施，一般情况下对健康工作者及群体、家畜或环境不会造成严重危害，具有传播风险有限、中等个体危害、有限群体危害的特点。

3.危害等级Ⅲ

属于危害等级Ⅲ的生物因子，能引起人或动物严重疾病，或造成严重经济损失，但通常不能因为偶然接触而在个体间传播，或能使用抗生素、抗寄生虫药治疗，具有高个体危害、低群体危害的特点。

4.危害等级Ⅳ

属于危害等级Ⅳ的生物因子，能引起人或动物严重疾病，一般不能治愈，容易直接或间接或因偶然接触在人与人、或动物与人、或动物与动物间传播，具有高个体危害和高群体危害的特点。

四、我国法律对实验室生物安全的规定

《中华人民共和国生物安全法》2021年4月15日起施行，其中对"生物技术研究、开发与应用安全"和"病原微生物实验"的要求如下。

1.生物安全法律的制定目的

为了维护国家安全，防范和应对生物安全风险，保障人民生命健康，保护生物资源和生态环境，促进生物技术健康发展，推动构建人类命运共同体，实现人与自然和谐共生。

生物安全，是指国家有效防范和应对危险生物因子及相关因素威胁，生物技术能够稳定健康发展，人民生命健康和生态系统相对处于没有危险和不

受威胁的状态，生物领域具备维护国家安全和持续发展的能力。

2. 生物安全法律的适用范围

防控重大新发突发传染病、动植物疫情；生物技术研究、开发与应用；病原微生物实验室生物安全管理；人类遗传资源与生物资源安全管理；防范外来物种入侵与保护生物多样性；应对微生物耐药；防范生物恐怖袭击与防御生物武器威胁；其他与生物安全相关的活动。

3. 涉及生物技术活动的相关要求

第四章第三十五条至第三十七条规定：从事生物技术研究、开发与应用活动的单位应当对本单位生物技术研究、开发与应用的安全负责，采取生物安全风险防控措施，制定生物安全培训、跟踪检查、定期报告等工作制度，强化过程管理。从事生物技术研究、开发活动，应当遵守国家生物技术研究开发安全管理规范。从事生物技术研究、开发活动，应当进行风险类别判断，密切关注风险变化，及时采取应对措施。

4. 涉及病原微生物实验的相关要求

第五章"病原微生物实验室生物安全"第四十三条规定：①根据国务院卫生健康、农业农村主管部门制定的相关管理文件规定，不满足生物安全管理规范和建设要求的实验室，不得从事和开展关于高致病性或者疑似高致病性病原微生物样本采集、保藏、运输等活动。②从事病原微生物实验活动应当在相应等级的实验室进行。低等级病原微生物实验室不得从事国家病原微生物目录规定应当在高等级病原微生物实验室进行的病原微生物实验活动。③为有效防止病原微生物实验室实验活动产生的废弃物发生污染，则依法采取措施对废水、废气以及其他废弃物进行处置。

第三节　国内外生物安全防护水平

2003 年 SARS（重症急性呼吸综合征）流行，暴露了我国的实验室生物安全防护水平较为薄弱，新型冠状病毒肺炎（COVID-19）疫情暴发，我国实验室生物安全防护水平再次受到关注。

一、国内外 P4 实验室的分布情况

据不完全统计，全球目前大约有 58 所 P4 实验室，其部分情况见表 1-3。

表 1-3　全球 P4 实验室分布（部分）

序号	国家	数量	分布情况
1	美国	15	亚特兰大疾病预防与控制中心、亚特兰大佐治亚州立大学、堪萨斯州立大学国家生物和农业防御中心、马里兰州国家生物防御分析与决策中心和马里兰州美国陆军传染病医学研究所等
2	英国	8	弗朗西斯·克里克研究所、英国动物健康研究所、国立医学研究所和国防科学技术实验室等
3	德国	4	罗伯特·科赫研究所、里姆斯岛弗里德里希·洛夫勒学院、伯恩哈德·诺希特热带医学研究所、马尔堡菲利普大学
4	瑞士	3	日内瓦大学医院、瑞士传染病控制研究所、施皮茨高涉密实验室 DDPS（SiLab）
5	加拿大	1	加拿大国家微生物学实验室
6	澳大利亚	4	澳大利亚动物健康实验室、墨尔本国家高等安全实验室、昆士兰卫生部病毒学实验室和澳大利亚昆士兰 Albert Sakzewski 病毒研究中心
7	印度	4	博帕尔高安全性动物疾病实验室、海得拉巴细胞与分子生物学中心、新德里全印度医学科学研究所、浦那微生物综合防疫中心

序号	国家	数量	分布情况
8	中国	3	中国科学院武汉国家生物安全实验室、中国台湾预防医学研究所和昆阳实验室
9	日本	2	东京国立传染病研究所和筑波大学理化研究所
10	韩国	1	韩国疾病预防控制中心

二、我国 P3 实验室分布情况

目前，我国 P3 实验室有 40 余家，其部分情况如表 1-4 所示。

表 1-4　国内 P3 实验室分布（部分）

单位	主要从事研究类别
中国疾病预防控制中心病毒病预防控制所	SARS、艾滋病（HIV）、病毒性出血热、病毒性脑炎、脊髓灰质炎、禽流感
中国疾病预防控制中心传染病预防控制所	鼠疫、炭疽、SARS 等
中国疾病预防控制中心性病艾滋病预防控制中心	艾滋病毒学、免疫学、分子流行病和耐药监测
中国科学院微生物研究所	病毒溯源、变异模式、关键蛋白结构解析、抗体和疫苗
复旦大学三级生物安全防护实验室	结核分枝杆菌和 I 型人免疫缺陷病毒研究等
中国科学院武汉病毒研究所	艾滋病毒（I 型和 II 型），高致病性禽流感病毒，克里米亚-刚果出血热病毒（新疆出血热病毒）的分离、鉴定、检测以及以小动物为模型的抗病毒药物筛选试验等
武汉大学 ABSL-III 实验室	艾滋病病毒、结核分枝杆菌、免疫缺陷病毒、汉坦病毒等高致病性病原微生物相关实验
上海市公共卫生临床中心	可同时开展两种不同病原微生物的检测或研究，如新型冠状病毒、禽流感病毒等

单位	主要从事研究类别
国家动物疫病防控高级别生物安全实验室	可使用猪、马、牛、羊、骆驼、家禽等农场动物，以及小鼠、大鼠、豚鼠、兔、犬、猫、雪貂、猴等各类实验动物开展《人间传染的病原微生物名录》中埃博拉病毒、尼帕病毒、拉沙热病毒等人兽共患的第一类和第二类病原微生物，以及《动物病原微生物分类名录》中高致病性禽流感病毒、口蹄疫病毒等一、二类动物病原微生物的实验感染研究
福建省农业科学院畜牧兽医研究所	禽流感等重大畜禽疫病
国家生物安全检测重点实验室	MERS 冠状病毒、人禽流感病毒以及鼠疫耶尔森菌、炭疽芽孢杆菌等 10 种高致病性病原体检测、科研以及与卫生检疫相关的病毒和细菌分离、血清学和分子生物学鉴定
广东温氏大华农生物科技有限公司中大生物安全实验室	高致病性禽流感病毒实验活动资格
华南农业大学动物生物安全实验室	禽流感和新城疫等重要人兽共患病及烈性动物传染病
福建、河南、湖北、江苏、湖北、安徽、吉林、浙江、云南省及深圳市疾病预防控制中心	高致病性禽流感病毒、SARS 冠状病毒、埃博拉出血热病毒等 9 种高致病性病原微生物的检测
扬州大学农业部畜禽传染病学重点开放实验室 动物生物安全三级实验室	高致病性禽流感、新城疫等高致病性病原微生物的研究
浙江大学医学院附属第一医院生物安全防护三级实验室	高致病性病原微生物检测
中国农业科学院兰州兽医研究所动物生物安全三级实验室	口蹄疫病毒变异、免疫抑制、病毒与宿主互作与调控等机制研究、疫苗种毒设计构建及其高效疫苗创制

单位	主要从事研究类别
中国医科大学艾滋病研究所	艾滋病检验、治疗、耐药
中国医学科学院医学实验动物研究所	人类重大传染病、新发或再发传染病和重大人兽共患病病原的研究、检测，动物感染实验及动物模型的制备和应用
中山大学生物安全三级实验室	高致病性禽流感病毒、SARS 冠状病毒、结核分枝杆菌、艾滋病毒（Ⅰ型、Ⅱ型）、中东呼吸系统综合征、冠状病毒6种高致病性病原体的实验活动

第四节 微生物实验室安全注意事项

一、实验室安全注意事项

（1）进入实验室前必须穿着实验服。

（2）每次试验前须用湿布擦净台面，必要时可用 0.1% 新洁尔灭溶液擦拭。接触微生物或含有微生物的物品后，脱掉手套后和离开实验室前要洗手。

（3）接种时尽量不要走动和说话，以免因尘埃飞扬和唾液飞溅而导致杂菌污染。

（4）每次实验完毕后，必须把所有的仪器抹净放妥，将所用玻璃器皿清洗干净，放回指定地点，将实验室收拾整齐。如桌面或其他地方被菌液污染时，可用 3% 来苏尔液或 5% 石炭酸液覆盖 1.5h 后擦去，如芽孢杆菌，应适当延长消毒的时间。凡带菌的工具（如吸管、塑料吸嘴、玻璃刮棒、染色涂片等）在洗涤前须浸泡在 3% 的来苏尔液中进行消毒后再清洗。

（5）含有微生物的培养基、组织、体液以及其他具有潜在危险性的废弃物须按照生物安全废弃物进行处理。普通教学实验室含菌器皿应煮沸 10min 或者加压蒸汽灭菌。

（6）严禁在条件未达到 P2 以上的实验室开展任何致病性的生物实验。

（7）使用显微镜和其他贵重仪器时，应事先熟知操作规程，要细心操作，特别爱护。遇到仪器故障时请实验室负责人帮助解决，切勿擅自拆卸。对消耗材料和药品等要力求节约，用毕后仍放回原处。

（8）实验过程中，切勿使乙醇、乙醚、丙酮等易燃药品接近火焰。如遇火险，应关闭电源，用湿布或沙土等阻燃灭火，必要时使用灭火器。

（9）实验时小心仔细，全部操作都应严格按操作规程进行。万一遇到有菌的试管或锥形瓶不慎打破使皮肤受伤，或菌液吸入口中等意外情况发生时，为避免酿成后患，不得隐瞒，及时上报实验室管理员进行处理。

（10）实验室中的任何菌种和物品一律不得携出室外。每次实验需进行培养的材料应标明其组别及处理方法。

（11）使用超净工作台或者生物安全柜前，需确认紫外线灯是否关闭，以避免灼烧眼睛和皮肤。

（12）离开实验室之前将手洗净，注意关闭门窗、水、电和气等。

二、实验室常见事故和应急措施

1. 衣服着火

（1）先断绝电源或火源，就地翻滚熄灭火苗，如有安全冲洗设备可用，则立即用水浸透衣物。

（2）立即搬走易燃物品（乙醇、乙醚、汽油等）。

（3）皮肤烫伤时，可用5％鞣酸、2％苦味酸或2％龙胆紫涂抹伤口。

2. 化学品溅到身体

（1）用紧急冲洗设备或水龙头将溅到的部位在快速流动的水下冲洗至少5min。

（2）立即除去被溅到的衣物。

（3）确认化学品没有进到鞋内。

（4）若用5％Na_2CO_3或5％NaOH中和强酸、溴、磷等酸性药剂前，应先用大量清水清洗。

（5）若用5％硼酸或5％乙酸中和金属钠（钾）、NaOH等强碱药剂前，应先用大量清水清洗。

（6）当皮肤被菌液污染后，则先用70％乙醇棉花擦拭，再用肥皂水洗净。如污染了致病菌，应将手浸于2％～3％来苏尔液或0.1％新洁尔灭溶液中，经10～20min后洗净。

3. 轻微割破和刺伤

（1）使用肥皂和水冲洗伤口几分钟并挤出血液。

（2）经蒸馏水清洗后，可涂上碘酒，有必要立即就医。

（3）向实验室管理员和安全部门报告事故。

4. 常用紧急救援号码

报警求助：110；

火警：119；

医疗救护：120。

第五节　微生物安全相关法律法规

我国微生物安全相关的法律、法规、文件见表1-5。

表1-5　我国微生物安全相关法律、法规、文件

序号	名称	备注
1	《中华人民共和国传染病防治法》	2013.06.29 修正
2	《病原微生物实验室生物安全管理条例》	2018.03.19 修订
3	《病原微生物实验室生物安全环境管理办法》	2006.05.01 实施
4	《中国微生物菌种保藏管理条例》	1986.08.08 实施
5	《中华人民共和国传染病防治法实施办法》	1991.12.06 实施
6	《中华人民共和国国境卫生检疫法》	2018.04.27 修订
7	《突发公共卫生事件应急条例》	2011.01.08 修订
8	《中华人民共和国生物安全法》	2021.04.15 实施
9	《人间传染的高致病性病原微生物实验室和实验活动生物安全审批管理办法》	2016.01.19 修订
10	《传染性非典型肺炎病毒研究实验室暂行管理办法》	2003.05.06 实施
11	《传染性非典型肺炎病毒的毒种保存、使用和感染动物模型的暂行管理办法》	2003.05.06 实施
12	《可感染人类的高致病性病原微生物菌（毒）种或样本运输管理规定》	2006.02.01 实施
13	《人间传染的病原微生物名录》	2006.01.11 实施

序号	名称	备注
14	《高致病性动物病原微生物实验室生物安全管理审批办法》	2016.05.30 修订
15	《人间传染的病原微生物菌（毒）种保藏机构管理办法》	2009.10.01 实施
16	《人间传染的病原微生物菌（毒）种保藏机构指定工作细则》	2011.05.12 实施
17	《兽医实验室生物安全管理规范》	2003.10.15 实施
18	《关于调整部分法定传染病病种管理工作的通知》［国卫办科教发（2013）28 号］	
19	《实验室生物安全通用要求》	2009.07.01 实施
20	《病原微生物实验室生物安全通用准则》	2018.02.01 实施
21	《进出口环保用微生物菌剂环境安全管理办法》	2010.05.01 实施
22	《动物病原微生物菌（毒）种保藏管理办法》	2022.01.07 修订

参考文献

［1］SN/T 3902—2014　检验检疫二级生物安全实验室通用要求［S］.北京：中国标准出版社，2014.

［2］SN/T 3689—2013　植物检疫性有害生物实验室生物安全操作规范［S］.北京：中国标准出版社，2013.

［3］WS 233—2017　病原微生物实验室生物安全通用准则［S］.北京：中国标准出版社，2017.

·第二章·
微生物的形态观察

　　微生物种类繁多，其中细菌是自然界中分布最广、数量最大、与人类关系最为密切的微生物，其形态极其简单，基本上只有球状、杆状和螺旋状。细菌的菌落群体形态特征一般为湿润、较光滑、较透明、较黏稠、易挑起等。放线菌绝大多数为有益菌，对人类健康的贡献较为突出。放线菌种类很多，其形态特征多样化，大多呈多核的单细胞状态，其菌落特征是小型、干燥、不透明，表面呈致密的丝绒状。酵母菌与人类关系较为密切，菌类特征与细菌相仿，一般呈现较湿润、较透明、表面光滑的特征。霉菌与工农业生产、医疗行业、环境保护和生物学基础理论研究有着密切的关系，霉菌的菌落形态较大，质地疏松、外观干燥、不透明，呈现松或紧等不同的形态。

　　认识和了解不同微生物形态之间存在的明显相关性，对微生物学的实验操作、研究和其他实际工作有极大的参考价值。本章包括显微镜的使用与介绍、无菌操作技术、细菌的简单染色及革兰氏染色，以及放线菌、酵母菌和霉菌的形态观察等实验项目。

科普知识

　　1. 戴芳澜（1893—1973），中国科学院学部委员（院士），真菌学家和植物病理学家，在真菌分类学、真菌形态学、真菌遗传学以及植物病理学等方面均作出了突出贡献，被誉为"中国真菌之父"。他是中国真菌学和植物病理学的主要奠基人之一，建立了以遗传为中心的真菌分类体系及中国植物病理学科研系统。

2.阎逊初（1912—1994），微生物学家，20 世纪 50 年代起，从事放线菌分类研究，将种数极多的链霉菌，按形态培养特征划分为 14 个类群，后又简化为 12 个类群，为这个属的分类研究提供了方便，填补了中国放线菌分类学的空白；先后发现 13 个类群、100 多个新种和新变种；历年来为有关单位鉴定了 100 多个有实际意义的放线菌种。

实验一 显微镜的使用与介绍

一、实验目的和内容

1.通过学习普通显微镜的原理、结构和功能，能够正确识别和掌握显微镜各个零件的功能作用。

2.通过学习普通光学显微镜的使用方法，能够独立规范使用显微镜。

二、实验原理

1.普通光学显微镜成像原理

光成像流程：光线→（反光镜）→遮光器→通光孔→镜检样品（透明）→物镜的透镜（第一次放大成倒立实像）→镜筒→目镜（再次放大成虚像）→人眼。

光学显微镜由两组相当于凸透镜的焦距较长的目镜和焦距很短的物镜组成。成像原理如图 2-1 所示，观察者能清楚地看见微小物体，是由于物体先经过物镜成放大实像后，再经目镜成放大的虚像，是两次成像的结果。

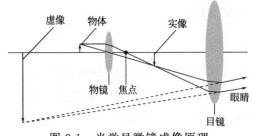

图 2-1 光学显微镜成像原理

2.显微镜的构造

普通光学显微镜结构分为机械系统部分和光学系统部分。

（1）机械系统 机械系统的作用主要是固定与调节光学镜头、固定与移动标本等，是构成显微镜骨架的部分，其部件如图2-2所示。

① 镜座、镜臂和镜柱 支撑整个显微镜的是位于显微镜底部的镜座。镜臂支撑镜筒和载物台，活动式的镜臂可改变角度。镜柱用于连接镜座和镜臂。

② 载物台 放置载玻片的平台，其中心设置一个通光孔，为光线通路。通过载物台上的弹簧标本夹和推动器固定或移动标本的位置，使得镜检对象恰好位于视野中心。

③ 镜筒 国际上标准镜筒长度为160mm，是指物镜定位面至目镜定位面之间的距离，镜筒可分为单筒式和双筒式。

④ 物镜转换器 物镜转换器安装上物镜后，每个物镜通过镜筒与目镜构成一个放大系统。物镜转换器通常可安装3～5个物镜。

⑤ 粗准焦螺旋 是移动镜筒调节物镜和标本间距离的机件。通常在低倍镜下观察物体，以粗准焦螺旋迅速调节物像，使之位于视野中。

⑥ 细准焦螺旋 是为进一步获得最清晰的物像。

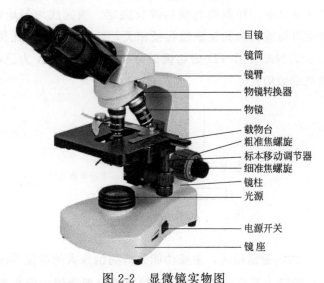

图2-2 显微镜实物图

（2）光学系统 光学系统由物镜、目镜、聚光器、光源等组成。

① 物镜 决定成像质量和分辨能力的重要部件。常见的物镜见图2-3，其主要参数有放大倍数、数值孔径、分辨率等。

a. 放大倍数　物镜的放大倍数有 10×（低倍）、20×（中倍）、40～65×（高倍）和 100×（油镜）几种。其中低倍、中倍、高倍物镜统称为干燥系物镜，物镜与载玻片之间的折射介质为空气；100×油镜在使用时须在玻片上滴加香柏油，油镜与载玻片之间的折射介质为油，油镜也因此被称为油浸系物镜。

图 2-3　常用物镜和目镜

b. 数值孔径（镜口率）　表示物镜的前透镜收集来自样品光线的能力，如物镜上标识的"0.25"和"0.10"分别为两个物镜的数值孔径。可用公式 $NA = n\sin\alpha$ 计算，其中 n 为介质的折射率，空气中 $n = 1$，而在油镜下，n 提高到 1.5；α 为物镜孔径半角（图 2-4），物镜孔径半角越大，进入物镜的光线就越多。

c. 分辨率　是指所能分辨两个物点间的最小距离。物镜的分辨率决定了显微镜的分辨率，显微镜的分辨距离越小，表示它的分辨率越高。物镜的分辨率由其数值孔径（镜口率）和照明光线的波长决定。当光线均匀地透过标本时，显微镜的分辨距离与波长和物镜数值孔径相关，且与物镜数值孔径成正比，可用公式 $D = 0.61\lambda/NA$ 表示（D 为物镜的分辨距离，nm；λ 为照明光线波长，nm；NA 为物镜的数值孔径）。

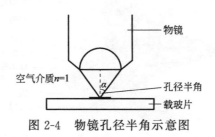

图 2-4　物镜孔径半角示意图

② 目镜　由两块透镜组成，主要功能是将物镜放大的物像再次放大，不增加分辨率。上片透镜为接目透镜，下片透镜则是会聚透镜，标本在这两片透镜之间的光阑上成像。目镜上通常有 5×、10×、15× 等放大倍数的标识。显微镜的总放大倍数＝物镜放大倍数×目镜放大倍数。

③ 聚光器　主要由聚光透镜、虹彩光圈和升降螺旋组成，被装置于载物台

下面，作用是聚集光线，增强照明度和造成适宜的光锥角度，提高物镜的分辨力。聚光透镜边框上刻有数值孔径值，其数值孔径可大于1.0，当使用大于1.0的聚光镜时，需在聚光透镜和载玻片之间加香柏油，否则数值孔径只能达到1.0。同时，为获得适当的光照和清晰的图像，可调节聚光透镜的高度和虹彩光圈的大小。

④ 光源　通常是内置在显微镜的镜座内。通过滑动螺钮，调节光强度，以获得观察时所需的最佳亮度。

三、实验步骤

1.观察前的准备

（1）将显微镜放置于平稳的实验台上，使镜座与实验台边缘保持1寸（1寸≈3.33cm）左右，利于实验者操作观察。

（2）检查显微镜各零件完好情况，确保仪器性能完好再进行后续操作。

2.低倍镜的使用

（1）先将标本玻片置于载物台，并调整至处于物镜的正下方，双手同向旋转粗准焦螺旋，上下调整载物台位置至物镜距标本5mm。

（2）再逆时针方向慢慢旋转细准焦螺旋，直至物像清楚为止。通过调节标本调节器，左右移动标本位置，来观察标本各部位。

3.高倍镜的使用

旋转物镜转换器，将高倍镜调至正下方，再轻轻微调细准焦螺旋，直至图像清晰。并可通过调节光圈，调节光线的亮度。

4.油镜的使用

（1）旋转物镜转换器将油镜转至正下方后，在待观察的样品区域加一滴香柏油，确保油镜浸在香柏油中，但不能压在标本上，会压碎标本和损坏镜头。

（2）调节聚光器和光圈，使视野的亮度合适。用粗准焦螺旋调节镜筒直至视野可观察到物像为止，再通过细准焦螺旋调节焦距。

（3）观察完毕，往上调节镜筒，取下标本，立即用擦镜纸擦拭镜头上的香柏油。若香柏油已经干涸，可用擦镜纸蘸取少许二甲苯轻轻擦拭，再用干净的擦镜纸擦拭残留的二甲苯。

5.显微镜使用后的整理

使用完毕，用干净的擦镜纸清洁目镜和物镜，用清洁的绸布擦净显微镜的其他金属部件。并将物镜转成"八"字形，载物台和聚光器降到最低位置。罩上防尘罩，放回原位置，填写使用记录。

四、注意事项

1.搬动显微镜时，切勿一手斜提，前后摆动，以防镜头或其他零件跌落。应一手握镜臂，一手扶镜座，保持镜身直立。

2.显微镜光学部件有污垢，切勿用手指、粗纸或手帕去擦，以防损坏镜面，应用擦镜纸或绸布擦净，并保持显微镜干燥。

3.观察新制的标本时，为避免液体污染镜头和显微镜，需盖上盖玻片，用擦镜纸吸去玻片上多余的水或溶液等。

4.转动粗准焦螺旋向下时，一定要从旁边注视物镜，防止物镜和玻片标本相碰。

5.不要随意取下目镜，以防止尘土落入物镜。

6.为防止香柏油污染其他物镜，使用油镜观察样品后，随即用二甲苯将油镜镜头和载玻片擦净。

7.严禁任何腐蚀性和挥发性的化学试剂与显微镜接触，如乙醇溶液及酸类、碱类试剂等，如不慎污染，应立即擦干净。

8.实验完毕，要将载玻片取出，用擦镜纸将镜头擦拭干净后移开，不能与通光孔相对。关闭电源开关，拔掉电源。

五、安全警示

二甲苯属于易挥发有毒物质，使用结束后应立即洗手。

六、问题和思考

1.油镜的标志是什么？使用时应注意些什么？

2.可以通过哪些方法来解决视野光线问题？低倍镜和油镜对照明度各有何要求？

实验二　无菌操作技术

一、实验目的和内容

1. 理解无菌概念，验证无菌操作过程中的影响因素及重要性。
2. 准确熟练地掌握微生物斜面接种、平板划线和其他无菌操作技术。

二、实验原理

1. 无菌概念

微生物在环境中无处不在，通常在科研和生产中使用的微生物要求必须是单一纯种的微生物。要求在实验过程中所使用的培养基、实验器皿、生产使用的发酵设备等都必须处于无菌的条件，即无菌操作是防止微生物进入机体或物体的一种措施。

2. 无菌接种技术

为实现微生物实验过程中不被污染或感染杂菌，以及微生物的纯种培养，无菌操作是接种培养微生物的关键。实验室内的无菌接种，先对超净工作台和接种工具进行严格的消毒处理，在工作台内火焰旁进行接种。利用高温能瞬间致死微生物的效应，接种前后将接种工具、管、瓶口直接在火焰下灼烧灭菌，接种工具在火焰旁待冷却后方可进行转接。常用的接种方法有斜面接种法、平板接种法、液体接种法、试管深层固体培养基的穿刺接种法等。

三、实验材料和用具

1. 材料与化学试剂

（1）微生物菌种　大肠埃希菌。

（2）培养基　牛肉膏蛋白胨斜面培养基、牛肉膏蛋白胨平板、牛肉膏蛋白胨液体培养基。

2. 仪器设备

酒精灯、接种环、接种针、涂布棒、无菌吸管、试管架、记号笔等。

四、实验步骤

1.斜面接种法（图 2-5）

（1）接种前，用酒精棉球擦拭桌面。

（2）将试管贴上标签或用记号笔标注，注明菌名、接种日期、接种人姓名等，然后用酒精棉球擦手消毒。

（3）点燃酒精灯后，在火焰旁将每一支试管内的棉塞或乳胶塞松动后，放回试管架上。

（4）将菌种和斜面培养基的两支试管，用左手的大拇指和其他四指握在手中，使中指位于两试管之间的部分，斜向上并呈水平位置，或将试管横放于左手手掌中央，用四个手指托住两支试管，大拇指压在试管上，斜面向上，如图2-5（a）所示。

（5）右手手持接种环，将环的部分和环以上可能进入试管内的部分在火焰上来回灼烧至通红，如图 2-5（b）~（d）所示。

（6）右手小指、无名指和手掌拔掉棉塞或乳胶塞（切忌将其置于桌面），如图 2-5（e）所示。

（7）在火焰下灼烧试管口，并不断地转动，使试管口沾染的少量菌得以烧死。

（8）将灼烧后冷却 5s 的接种环伸入试管内，轻轻刮取菌体，慢慢地将接种环抽出试管，如图 2-5（f）所示。取出时接种环不能碰到管壁。

（9）迅速将沾有少量菌苔的接种环伸入至另一支试管底部，从其底部开始由下向上以蛇形划线接种，切忌划破培养基。

（10）取出接种环，灼烧试管口，在火焰旁塞上棉塞或乳胶塞。不要用试管向前迎接棉塞，以免试管在移动的过程中灌入不洁的空气。

（11）将接种环在火焰上再次灼烧灭菌，放回原处。

注意：无菌操作下同时接种无菌水作为对照，非无菌操作下接种空气环境或实验过程中产生的杂菌作为对照。

（12）将接种后的试管置于 37℃下恒温直立培养 24h。

2.液体接种法

用无菌移液管从液体菌种中吸取一定量的菌液，在火焰旁快速地接种至另一管液体培养基中，将试管塞好棉塞即可。接触菌液的移液管不能放置于试管架上，需将其放置于废物杯内。

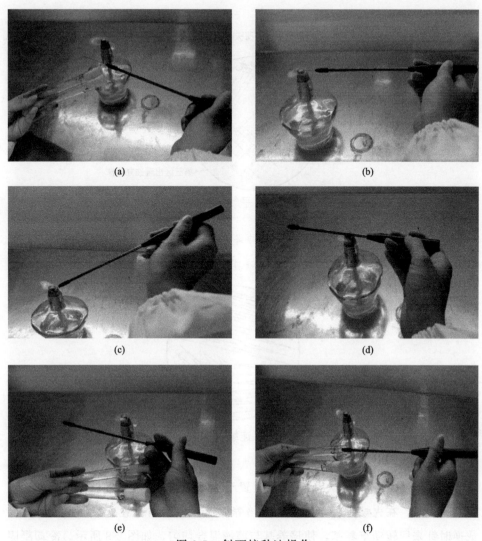

图 2-5 斜面接种法操作

3. 平板划线法

平板划线法的目的是将微生物接种至平板后分离出单个菌落。常用的划线方法有平行划线、连续划线。

（1）平行划线法 无菌操作下用接种环挑取菌液或者菌苔后，先在平板培养基进行第一次平行划线（3～4 条），左手手持培养皿转动约 70°后，将接种环上残留菌在火焰下灼烧完全，冷却后通过第一次划线区域进行第二次平行划线，依次类推进行第三、第四次平行划线，如图 2-6 所示。划线完毕后，盖上皿盖，倒置于37℃下恒温培养24h。

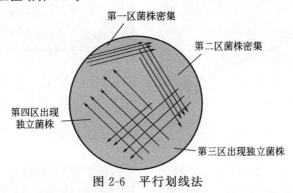

第一区菌株密集
第二区菌株密集
第四区出现独立菌株
第三区出现独立菌株

图 2-6　平行划线法

(2) 连续划线法　将挑取菌的接种环在平板培养基上连续"Z"字形划线，如图 2-7 所示。划线完毕后，盖上皿盖，倒置于37℃下恒温培养24h。

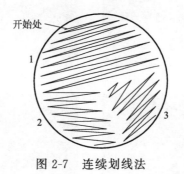

开始处
1
2
3

图 2-7　连续划线法

4.混合平板法

用无菌吸管准确吸入一定的菌液置于无菌培养皿中间，待培养基冷却至45℃左右时，在火焰旁将培养基倒入培养皿后，轻轻地放置于桌面上，顺时针或逆时针来回转动培养基，使培养基与菌液混合均匀，如图 2-8 所示。冷却凝固后倒置于30℃下恒温培养24～48h。

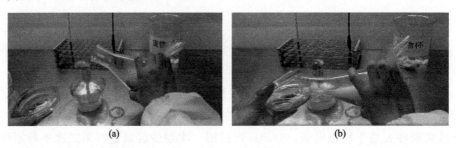

(a)　　　　　　　　　　　　(b)

图 2-8　混合平板法操作

五、注意事项及安全警示

1. 染菌的器皿用完后不能直接放置于桌面或试管架上。
2. 染菌的器皿必须经消毒或灭菌处理后再清洗。

六、实验结果分析

1. 观察无菌操作下接菌、接无菌水和非无菌操作下接菌的区别。
2. 平板划线法操作后观察实验现象。

七、问题和思考

1. 平板为什么倒置培养？
2. 平板平行划线第一次接种后，为什么后续的每次划线必须再次灼烧接种环？

实验三　细菌的简单染色及革兰氏染色

一、实验目的和内容

1.学习细菌涂片、染色的基本技术，掌握细菌简单染色方法。

2.学习革兰氏染色的原理和操作方法，掌握革兰氏染色的操作方法。

3.通过指定细菌染色技术的学习，自主开展其他未知细菌的革兰氏染色实验。

二、实验原理

由于微生物细胞含有大量水分，对光线的吸收和反射与水溶液的差别不大，与周围背景没有明显的明暗差。所以，绝大多数情况下微生物必须经过染色后，才能在显微镜下进行观察。微生物经染色后，含有大量水分的细胞与周围背景产生明暗差后，有利于光线的吸收，方可在显微镜下进行观察。

微生物染色是物理因素和化学因素共同作用的结果。物理因素主要是细胞对染料具有毛细现象以及渗透、吸附作用等。化学因素是细胞和染料之间发生的化学反应。生物染料可分为碱性染料、中性染料和酸性染料3类，其中酸性物质能稳固地吸附碱性染料，碱性物质易吸附酸性染料。碱性染料电离时带正电荷，易与带负电荷的细菌结合而使其着色。常用的碱性染料有亚甲基蓝、结晶紫、碱性复红、番红、孔雀石绿等；常用的酸性染料有伊红、刚果红、酸性复红等。

染色前必须固定细胞，以便杀死菌体，使细胞质凝固，固定细胞的形态，使其能牢牢地黏附在载玻片上。

三、实验材料和用具

1.材料与化学试剂

（1）菌种　大肠埃希氏菌、金黄色葡萄球菌和枯草芽孢杆菌。

（2）化学试剂　吕氏碱性亚甲基蓝染液、齐氏石炭酸品红染液、草酸铵结晶紫染液、鲁哥氏碘液、沙黄复染液、乙醇。

2.仪器设备

显微镜、酒精灯、载玻片、接种环、擦镜纸等。

四、实验步骤

1.细菌的制片及简单染色

（1）涂片　在载玻片中央滴加一小滴无菌生理盐水，在无菌操作下从斜面或平板上挑取少量的菌体与生理盐水混匀，为防止菌液堆积或涂层较厚，用接种环涂成薄膜。

（2）风干　将涂片在空气中自然干燥，切勿在火焰下直接烘烤。

（3）固定　为固定细胞结构和确保菌体能牢固地黏附在载玻片上，操作时需将涂菌的一面朝上，用夹子夹住载玻片的一端，快速地通过微火2～3次，以不烫手为宜，为防止细菌变形，不能将载玻片在火焰上烘烤。

（4）染色　将载玻片平放于水平位置，滴加染液至涂菌处。（说明：使用吕氏亚甲基蓝染液则染色3～5min；使用草酸铵结晶紫染液或齐氏石炭酸品红染液则染色1min左右。）

（5）水洗　将染液倒入废液杯中，用缓流自来水冲洗，不得直接冲洗涂菌处，洗至流水中无染色液的颜色为止。

（6）干燥　用吸水纸吸去多余水分，自然干燥或用电吹风冷风吹干。

（7）镜检　将干燥后的涂片在显微镜下观察。

2.细菌的革兰氏染色

革兰氏染色简单步骤如图2-9所示。

图2-9　革兰氏染色步骤

（1）涂片、风干、固定　操作同"细菌的制片及简单染色"。

（2）初染　加入草酸铵结晶紫染液1滴，覆盖涂菌部位染色1～2min后倾去染液，水洗至无色，晾干。

（3）媒染　用鲁哥氏碘液媒染1～2min后倾去染液，水洗至无色，晾干。

（4）脱色　用95%乙醇对涂菌部位进行脱色（20～30s），当无色时用水洗去乙醇。

（5）复染　用沙黄或者番红复染液染色 2min，水洗，晾干或者电吹风冷风吹干。

（6）显微镜观察　显微镜下观察复染后的装片。

五、注意事项及安全警示

1.染色洗脱的废液不能直接排放至下水道，应置于废液杯，实验结束后倒入废液桶。

2.实验结束后载玻片和盖玻片不能随意丢弃，统一置于废物杯中，待酒精消毒或灭菌后放置于废物桶里。

六、实验结果分析

1.大肠杆菌和金黄色葡萄球菌革兰氏染色后分别是什么颜色？

2.未知菌革兰氏染色后是什么颜色，是 G^+ 还是 G^-？

七、问题和思考

1.革兰氏染色应选择什么菌龄的培养物较合适，为什么？

2.为什么革兰氏阳性菌复染后呈媒染剂的颜色，而革兰氏阴性菌复染后呈复染剂的颜色？

3.实验过程中如何验证是否为假阳性或假阴性的情况？

实验四　放线菌、酵母菌和霉菌的形态观察

一、实验目的和内容

1.学习放线菌制片的基本操作方法，如插片培养法、玻璃纸法、印片法等，掌握识别放线菌的营养菌丝、气生菌丝、孢子丝和孢子形态的方法。

2.学习酵母菌制片的方法，掌握识别酵母菌的形态及出芽生殖方式的方法和区分酵母菌死活细胞的方法。

3.学习霉菌制片的基本操作方法，了解常见霉菌的营养菌丝、气生菌丝和产孢结构的形态特征。

二、实验原理

1.放线菌形态观察

放线菌是抗生素的产生菌。放线菌为单细胞，其菌丝由基内菌丝、气生菌丝和孢子丝组成。放线菌在固体培养基上生长繁殖后，气生菌丝比基内菌丝粗、颜色深，同时大部分会分化成形态多样的孢子丝，通过一定的横割分裂方式产生成串的不同形状的分生孢子。孢子丝和孢子的形态多样，孢子丝大多呈直线、螺旋、轮生等形态，而孢子多呈圆形、椭圆形、杆状等。为避免破坏放线菌细胞及菌丝形态，制片时不采取涂片法。

2.酵母菌形态观察

酵母菌属单细胞真核微生物，但其个体比细菌大。酵母菌的形态观察通常采用美蓝染色法。美蓝对酵母菌的活细胞进行染色时，由于细胞的新陈代谢作用，细胞具有较强的还原能力，能使美蓝由蓝色的氧化型变为无色的还原型，具有还原能力的酵母菌活细胞是无色的；反之，对于死细胞或代谢缓慢的老细胞，则因它们无还原能力或还原能力极弱，而被美蓝染成蓝色或淡蓝色。为保持酵母菌细胞的形态，通常采用美蓝染液水浸片法或者水-碘液浸片法。

3.霉菌形态观察

霉菌是典型的丝状真菌，菌丝体及孢子形态特征是鉴别霉菌的重要依据。真菌通常具有分枝繁茂的丝状体，且霉菌的菌丝比放线菌粗。霉菌菌丝染色一

般采用乳酸石炭酸棉蓝染液，可防止细胞变形，且具有杀菌、防腐作用，能有效防止孢子四处飞散，棉蓝的蓝色能增大其与观察背景的反差。

三、实验材料和用具

1.材料与化学试剂

（1）菌种：放线菌菌种、酵母菌菌种和黑曲霉。

（2）化学试剂：美蓝、氢氧化钾、乙醇、石炭酸、碘、碘化钾。

2.仪器设备

显微镜、酒精灯、载玻片、接种环、擦镜纸、透明胶带等。

四、实验步骤

1.放线菌制片及形态观察

（1）**插片培养法**　将放线菌菌种接在适合放线菌生长的平板培养基上，用玻璃刮铲涂布均匀，然后将灭菌的盖玻片斜插入（45°）固体培养基中，使放线菌菌丝沿着培养基表面与盖玻片的交接处生长而附着在盖玻片上，置于28～32℃下培养，3～5d后取出。观察时，轻轻取出盖玻片，置于载玻片上直接镜检。通过此方法不仅可观察到放线菌自然生长状态下的特征，还可观察其不同生长期的形态。

（2）**玻璃纸法**　玻璃纸是一种透明的半透膜。将无菌的玻璃纸平铺于琼脂平板表面，然后将放线菌涂布于玻璃纸上，28℃下倒置培养，5～7d后取出，放线菌在玻璃纸上生长形成菌苔。观察时，揭下玻璃纸剪取小片，贴放在载玻片上，使含有菌的面向上，直接镜检可观察到放线菌自然生长的个体形态。注意观察基内菌丝、气生菌丝和孢子丝。

（3）**印片法**　将要观察的放线菌的菌落或菌苔，先印在载玻片上，经石炭酸染色后观察。这种方法主要用于观察孢子丝的形态、孢子的排列及其形状等。

2.酵母菌制片及形态观察

（1）**美蓝染液水浸片法**　在载玻片中央加1～2滴0.1%吕氏碱性美蓝染色液，无菌操下用接种环在酵母菌斜面上挑取少量菌苔置于染液中，用接种环混合均匀。染色约3min后镜检，先用低倍镜确定视野位置，然后用高倍镜区分其母细胞与芽体。在一个视野里统计死细胞和活细胞的数量，注意根据美蓝染色的原理区分死细胞和活细胞。

酵母菌死亡率一般用死细胞总数与细胞总数的百分比表示。染色约 0.5h 后再次进行观察，同时关注死细胞数量的增加情况。

（2）水-碘液浸片法　将鲁哥氏碘液稀释后，滴加一滴于载玻片中央，无菌操作取少许菌体置于染液中混匀，盖上盖玻片镜检。

3.酵母菌子囊观察

酵母菌子囊观察步骤如图 2-10 所示。

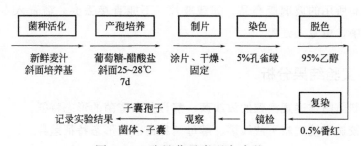

图 2-10　酵母菌子囊观察步骤

注：菌种活化需转种 2 次，25℃下 4h

4.霉菌制片及形态观察

（1）直接制片观察法　加一滴乳酸石炭酸棉蓝染色液在载玻片中央，用无菌牙签或者解剖针小心地挑取少量已产孢子的菌丝体，并于 50% 乙醇中浸泡 2～3s 洗去脱落的孢子，再将菌丝体放置于载玻片上的染液中，加盖盖玻片，于显微镜下观察菌丝的颜色、分隔情况、孢子柄和孢子形状等。

（2）透明胶带观察法　加一滴乳酸石炭酸棉蓝染液于载玻片中央，用食指和拇指粘住透明胶带两端，将透明胶带轻轻黏附在菌落的表面，将黏附有菌体的胶带贴在滴有乳酸石炭酸棉蓝染液的载玻片中，将胶带两端固定在载玻片两端后，进行镜检。

（3）载玻片培养观察法

① 培养室准备及灭菌　在平皿皿底铺一张无菌吸水纸，其上放"U"形玻璃棒，再在玻璃棒上放一只载玻片，载玻片两端放置两张盖玻片，盖上皿盖，包扎、灭菌后备用。

② 琼脂块的制作　取霉菌的菌丝或孢子少许涂在上述载玻片上，再吸取少许冷却至 45℃ 左右的 PDA 培养基（马铃薯葡萄糖琼脂培养基）滴在接菌处后，盖上无菌盖玻片，在吸水纸上加入少许无菌水保湿，28℃ 下恒温培养 2～3d。

③ 镜检观察。

五、注意事项及安全警示

1.霉菌观察过程中，应减少空气流动，注意不要在无菌操作的情况下打开培养皿盖。

2.酵母菌制片时，加入染液不能过多，避免盖盖玻片时溢出或留有气泡。不能直接将盖玻片平放下去，以免产生气泡影响观察。

3.实验所用的玻璃废弃品，如载玻片，不能直接丢弃，需置入专用的废弃物收纳盒中，由专人处置。

六、实验结果分析

1.绘制简图描述观察到的放线菌、酵母菌和霉菌的形态特征。

2.比较显微镜观察下放线菌、酵母菌和霉菌的形态特征差异。

七、问题和思考

1.无菌的玻璃纸可采用哪种灭菌方法获得？

2.为什么不采用直接涂片方式进行酵母菌染色？

3.根据酵母菌的形态观察，可知酵母菌分类的重要依据是什么？

实验五　微生物大小的测定和显微镜计数法

一、实验目的和内容

1. 学会使用显微测微尺测定微生物大小的方法。
2. 掌握血球计数板的计数原理和方法。

二、实验原理

1. 微生物大小的测定原理

显微测微尺由目镜测微尺和镜台测微尺组成。目镜测微尺是一块可放入目镜内且中央刻有分刻度的圆形玻片；玻片的测量范围5mm，通常被分为50小格或100小格，使用前必须用镜台测微尺标定。镜台测微尺是中央刻有精确等分线的特制载玻片，一般将1mm等分为100小格，每格长0.01mm，上面贴有一厚度为0.17mm的圆形盖片，以保护刻度线。目镜测微尺用来测量经显微镜放大后的细胞物像的大小，镜台测微尺用来校正目镜测微尺刻度的相对长度，如图2-11所示。

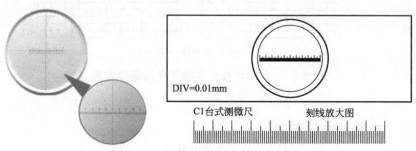

DIV=0.01mm

C1台式测微尺　　　　　刻线放大图

图 2-11　目镜测微尺和镜台测微尺

2. 血球计数板计数原理

血球计数板常用于个体较大的酵母细胞、霉菌孢子等计数，其操作简单、直观和快捷，缺点是所得计数结果是活菌和死菌的总和，不能较为准确地统计出运动性强的活菌数。血球计数板是一块被四条槽分隔为三个平台的特制载玻片，其中两个平台是由9个大方格组成的微生物计数室。这9个大方格一种由

25 个中方格构成 1 个大方格，16 个小方格构成 1 个中方格；另一种是由 16 个中方格构成 1 个大方格，25 个小方格构成 1 个中方格。无论是哪一种，每个大方格中小方格的数量为 400 个。由于每个大方格边长为 1mm、面积为 1mm²，盖上玻片后，盖玻片与载玻片之间的高度为 0.1mm，所以计数室构成了 0.1mm³ 的体积。菌体的计数，通常统计 5 个中方格的数量后取平均值，再乘以 16 或者 25，即可得出一个大方格的菌体数量，再根据取样量换算为 1mL 的菌体数量，如图 2-12 所示。

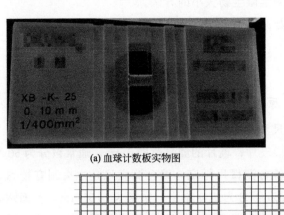

(a) 血球计数板实物图   (b) 血球计数板中央网格放大图

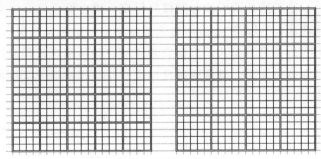

(c) 16×25 和 25×16 两种规格

图 2-12   血球计数板实物图和局部放大图

三、实验材料和用具

1. 材料与化学试剂

(1) 菌种   酵母菌和霉菌。

(2) 化学试剂   香柏油，二甲苯、生理盐水。

2. 仪器设备

金黄色葡萄球菌和枯草芽孢杆菌的染色玻片标本；目镜测微尺、镜台测微尺、显微镜、擦镜纸、接种针等。

四、实验步骤

1.微生物大小的测定

(1) 目镜测微尺的标定

① 目镜测微尺的安装　通常是取出右边的目镜，旋下目镜上面的透镜，将目镜测微尺刻度面向下，放在目镜筒内的隔板上后，旋上目镜透镜并插入镜筒。

② 校准目镜测微尺　将镜台测微尺刻度面朝上放置在显微镜载物台上，先用低倍镜调节清晰，使目镜测微尺和镜台测微尺在某一区域完全重合，然后分别数出两条重合线之间镜台测微尺和目镜测微尺所占的格子数。

再用相同方法校准高倍镜下两条重合线之间镜台测微尺和目镜测微尺分别所占的格子数。计算不同倍数下，目镜测微尺每格所代表的长度：

$$目镜测微尺每格长度(\mu m) = \frac{两重合线间镜台测微尺格数}{两重合线间目镜测微尺格数} \mu m$$

(2) 菌体的测量　将制好的金黄色葡萄球菌及其他微生物染色制片，放置于载物台上进行测量，用读出的测量值乘以目镜测微尺每格长度即为菌体的实际长度。其中测量球菌时，只需测量细胞的直径；测量杆菌和螺旋菌时，需分别测量细胞的宽度和长度，螺旋菌测量的是菌体两端的距离，而不是细胞螺旋的实际长度。

2.显微镜计数法

(1) 制备菌悬液　在斜面培养试管中加入一定的无菌生理盐水或者无菌的pH 7.0的磷酸缓冲液，将菌苔洗脱下来，然后转倒入装有玻璃珠的无菌锥形瓶中振荡，再进行菌液的稀释。

(2) 加样镜检　在血球计数板的加样室上盖上盖玻片，用无菌吸管沿着盖玻片缝隙处加入一滴菌液，菌液将在毛细渗透的作用下，自行进入计数室。然后放置于载物台上进行镜检，记录5个中方格中菌体的个数。

(3) 清洗显微镜　计数完毕后，将盖玻片用水清洗后置于专用废弃杯中，载玻片用流动的水进行冲洗。血球计数板晾干后镜检每个格子中是否有残留菌体，当有残留菌体时，用脱脂棉球轻轻擦拭，并晾干后放回盒内。

五、注意事项及安全警示

1.接触菌体的器具不能直接放置于台面上，必须消毒或者灭菌处理后清洗放回。

2.血球计数板不能用硬刷子进行擦拭。

3.进行霉菌孢子计数时废弃的脱脂棉球，不能直接丢弃至垃圾桶，必须用95%酒精浸泡后方可丢弃。

4.使用二甲苯擦拭镜头上的香柏油时，一是不宜蘸取过多二甲苯，以免物镜中的树胶溶解；二是因二甲苯为有毒试剂，操作后应立即洗手。

5.测量完毕后，应取出目镜测微尺，将目镜测微尺和镜台测微尺分别用擦镜纸擦拭干净，放回存放盒。

六、实验结果分析

1.设计目镜测微尺的校准表格，并记录校准数据。

2.设计测量微生物大小的记录表格，并记录测量和计算数据。

3.画出记录菌体的方格位置图，设计菌体计数表格并计算出菌体数量（cfu/mL）。

七、问题和思考

1.为什么目镜测微尺通常安装在右边的目镜？

2.进行菌体测量时，一个单细胞菌体的数据能代表它的实际值吗？为什么？

3.测定培养环境下菌体的大小，通常选择什么菌龄的微生物比较合适，为什么？

4.为什么不能用硬刷子刷血球计数板？

5.微生物计数时，是只任意选一个计数室计数还是取两个计数室的数据计数？

实验六　微生物的平板菌落计数法

一、实验目的和内容

1.掌握微生物平板计数法的原理和技能。

2.通过梯度稀释法的学习，能自主开展微生物梯度稀释实验，进行可培养微生物菌落的计数。

二、实验原理

微生物在固体培养基上生长繁殖，形成单个菌落或菌苔，其中一个菌落代表一个单细胞。平板计数是将待测样品经一定的梯度稀释，使其菌体分散有利于形成单个细胞，取一定量稀释后的菌液均匀涂布或在平板上，或者将菌液加入至无菌的培养皿中后浇注平板，经适宜的条件培养后单个细胞生长繁殖形成菌落，统计单个菌落数目，再根据稀释倍数即可换算出样品中的含菌数，其中菌落形成单位以 cfu（colony forming unit）表示 。

三、实验材料和用具

1.材料与化学试剂

（1）菌种　大肠杆菌菌液。

（2）培养基　牛肉膏蛋白胨培养基。

2.仪器设备

装有无菌生理盐水的试管、培养皿，无菌吸管等；培养箱、高压灭菌锅、水浴锅、微波炉。

四、实验步骤

1.编号及菌液梯度稀释

将装有无菌生理盐水的试管根据实验所需的稀释倍数进行编号，如"10^{-1}、10^{-2}……10^{-6}"，然后精确地吸取 0.5mL 原液至装有 4.5mL 无菌水的试管中，振荡摇匀，即为 10 倍稀释。然后再从 "10^{-1}" 试管中吸取 0.5mL 的稀释液至 4.5mL 的编号为 "10^{-2}" 的试管中，以此类推，如图 2-13 所示。

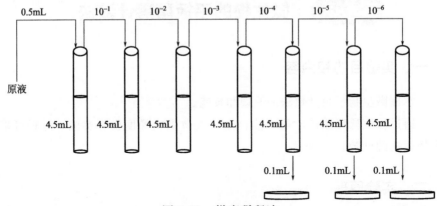

图 2-13　梯度稀释法
注：每个梯度 3 个平行

2. 接种和倒平板

用无菌吸管分别从 "10^{-4}" "10^{-5}" "10^{-6}" 准确吸取 0.1mL 菌液至无菌平皿中。然后在上述不同稀释梯度的平皿中，迅速倒入冷却至 45℃ 左右的牛肉膏蛋白胨琼脂培养基 12～15mL，前后左右轻轻晃动，培养基和菌液混合均匀后静置于台面。待温度降低琼脂凝固后取出，倒置于 37℃ 培养箱中培养 48h。

备注：也可采用稀释涂布法，即先浇注平板，待平板冷却凝固后，再准确吸入 0.1mL 的菌液至平板上，然后在无菌操作下用涂布棒进行涂布，再倒置于 37℃ 培养箱中培养 48h。

3. 培养计数

取出平板，计算同一稀释度下的菌落数，根据稀释倍数进行换算，即可得到菌落数量。

五、注意事项及安全警示

1. 实验前需准备一个无菌的废液杯，用于装放废弃物品。

2. 实验结束后，用酒精棉球擦拭超净工作台。

3. 加入菌液至无菌培养皿后，需快速倒入冷却至 45℃ 左右的培养基并迅速混匀，以避免菌液黏附在培养皿的底部，不易分散形成单个的菌落。

六、实验结果分析

1. 记录不同梯度下菌落数，分析其差异性。
2. 计算每毫升的菌落数量。

七、问题和思考

1. 平板上选多少个稀释梯度计算每毫升的菌落数比较合适？
2. 使用后的吸管能直接放置于台面或试管架上吗？

参考文献

[1] 徐德强，王英明，周德庆. 微生物学实验教程[M]. 4 版. 北京：高等教育出版社，2019：23-64.

[2] 发沈萍，陈向东. 微生物学实验[M]. 5 版. 北京：高等教育出版社，2018：14-63.

[3] 蔡信之，黄君红. 微生物学实验[M]. 北京：科学出版社，2019：5-44.

[4] 赵玉萍，方芳. 应用微生物学实验[M]. 南京：东南大学出版社，2013：16-38.

[5] 谭啸，章熙东. 革兰氏染色法观察与区分细菌[J]. 生物学教学，2019，44(07)：71-72.

[6] 洪庆华，石璐，孙井梅，等. 革兰氏染色三步法应用试验探讨[J]. 实验室研究与探索，2010，29(11)：15-17.

[7] 李贵正，刘纪臣，李新柱，等. 1 种创新单孢子分离及霉菌生长形态观察方法[J]. 江苏农业科学，2016，44(02)：390-391.

[8] 王祥红，汤志宏，李静. 曲霉菌的分离及其形态观察[J]. 生物学通报，2013，48(07)：54-55，63.

[9] 韩翠翠. 例析显微镜直接计数法和稀释涂布平板法[J]. 实验教学与仪器，2016，33(01)：32-34.

·第三章·
农业微生物资源开发利用实验

　　农业微生物资源的开发利用对促进农业生产的变革具有明显的现实意义和深远的历史意义。微生物和农业生产的关系涉及土壤肥料、植物营养、畜牧兽医、植物保护、农副产品加工等各个方面。其中，有的微生物对农业生产有益，有的则是对农业生产有害的"敌人"。微生物特别是细菌和真菌可以分解复杂的土壤有机质，释放多种植物养分；同时还可以使简单的土壤有机质聚合或缩合为复杂的土壤腐殖质，提高土壤保水保肥能力，改善土壤结构等物理性质。固氮微生物可以固定大气中的游离态氮气，增加土壤氮素含量和土壤供氮能力。近些年来，微生物在农业上的应用发展很快，如已有多种微生物农药（苏云金杆菌、青虫菌和白僵菌等制剂）、微生物农业杀菌剂（春雷霉素、庆丰霉素、井冈霉素等）、菌肥和微生物植物生长调节剂等被研制出来。

　　本章实验内容主要为利用微生物分离培养技术筛选秸秆降解菌，以及利用微生物开展废弃农业资源利用。

科普知识

　　我国农业微生物学的先驱——张宪武（1905—2000），微生物学家，长期从事土壤微生物的研究工作。在生物固氮研究、土壤微生物资源和应用生态学的研究以及微生物发酵的研究等方面做出了重要贡献，是我国微生物肥料事业主要奠基人。张宪武在我国最早研究大豆根瘤菌共生固氮，并将研究结果应用于农业生产上，做出了卓越贡献。

一、实验目的和内容

1.学习秸秆高温降解菌富集培养和分离纯化的方法。

2.掌握秸秆降解率的测试方法。

3.学习通过测定种子发芽率验证所筛选菌剂降解秸秆效果的方法。

二、实验原理

高温降解菌有效地降解秸秆主要是利用其代谢快、酶热稳定性好、有机物降解速率快等特点，能有效地将秸秆中的纤维素、半纤维素、木质素等转换为还原糖类物质，从而将秸秆变为腐殖质。高温降解菌的分离筛选通常是将高温富集培养后的菌落接种于羧甲基纤维素培养基中培养，具有降解功能的菌株利用其产的纤维素酶将培养基中的纤维素水解为糖苷键，使其变为纤维素二糖和葡萄糖，可根据其形成纤维素水解圈来初步判定具有降解功能。然后将初步筛选出的具有降解功能的菌株，接种于秸秆崩解液体培养基培养一定的时间后，通过测试残留重量来判断其对秸秆降解的效果。通过革兰氏染色和生长曲线的测定对降解性能较好的菌株进行形态观察，了解其生长规律，以初步了解其特征。最后将筛选的菌株和市售菌株用于玉米秸秆堆肥，通过其采集堆肥后滤液进行种子萌发实验，以种子萌发率来进一步判断筛选菌株的降解性能。

三、实验材料和用具

1.材料与化学试剂

（1）试验样品　平菇菇渣、玉米秸秆、水稻秸秆等，在自然堆积过程中可升温至60℃以上。

（2）培养基

① 分离培养基　牛肉膏蛋白胨琼脂培养基。

② 富集培养基　秸秆10.0g、蛋白胨5.0g、KH_2PO_4 2.0g、$MgSO_4$ 0.5g、蒸馏水1000mL。

③ 纯化培养基　营养琼脂培养基。

④ 羧甲基纤维素培养基　KH_2PO_4 0.50g、$MgSO_4$ 0.25g、纤维素粉 1.88g、刚果红 0.20g、琼脂 20.0g、明胶 2.00g、蒸馏水 1000mL，pH 7.0。

⑤ 基础发酵培养基　葡萄糖 10.0g、蛋白胨 5.0g、KH_2PO_4 2.0g、蒸馏水 1000mL，pH 7.0。

⑥ 秸秆崩解培养基　秸秆 10.0g、豆粕或尿素 5.0g、KH_2PO_4 2.0g、蒸馏水 1000mL，pH 7.0。

2. 仪器设备

培养皿、锥形瓶、接种环、酒精灯、试管、载玻片、恒温摇床、恒温培养箱、超净工作台、光学显微镜、紫外分光光度计。

四、实验步骤

1. 菌株筛选

称取 5.0~10.0g 秸秆样品置于灭菌的 50~100mL 富集培养基中，40℃振荡培养 24h，平板涂布下分离细菌。将分离的菌株分别点接于羧甲基纤维素培养基上，40℃恒温培养。待培养基上出现菌落后，注入 1.0g/L 刚果红溶液至平板上染色 1h，再倒出染色液，用 1.0mol/L 的 NaCl 冲洗脱色，观察菌落周围纤维素水解圈情况，并测量水解圈直径，对具有分解纤维素能力的菌株进行纯化保存。

2. 计算秸秆降解率

将保存菌株分别接种于豆粕和尿素两种不同的秸秆崩解培养基中，40℃振荡培养 7~10d 后过滤，用蒸馏水冲洗固体残渣直至完全除去菌体为止，105℃烘干后称质量至恒重，采用质量法计算秸秆降解率（以不接菌为对照）。

3. 形态学特征的观察

用革兰氏染色法鉴别所分离纯化的菌株，用显微镜观察其形态特征。

4. 菌株生长曲线测定

将纯化的菌株以一定的接种量分别接入装有 50mL 无菌基础发酵培养基的 250mL 锥形瓶中，于 40℃、160r/min 下振荡发酵 48h，其中每隔 2h 取培养液测定 600nm 下的吸光度，以培养时间及菌体浓度为变量绘制菌株生长曲线。

5. 秸秆堆肥验证

堆肥验证试验设置：

处理1：玉米秸秆30.0kg、菜粕2.0kg、试验菌剂；

处理2：玉米秸秆30.0kg、菜粕2.0kg、尿素1.0kg、试验菌剂；

CK1：玉米秸秆30.0kg、菜粕2.0kg、市售EM菌剂；

试验菌剂：将筛选的菌剂按照市售EM菌剂接种量（2.4×10^{11} cfu/kg）配置，接种量以干物质计，配置为2.5×10^{11} cfu/kg。

分别将试验菌剂与各物料加水混匀，控制其初始含水量为60%。堆肥开始后，每天测定堆内温度，定期翻堆；然后各取10.0g堆肥样品，加水至50.0mL，振荡1h过滤，取滤液进行油菜种子发芽率试验，以蒸馏水为对照，测定种子发芽率及发芽指数（GI）。

$$GI = \frac{\text{堆肥浸提液的种子发芽率} \times \text{种子根长}}{\text{蒸馏水的种子发芽率} \times \text{种子根长}} \times 100$$

五、注意事项及安全警示

1.菌株筛选工作确保在无菌环境下操作。

2.操作时戴口罩和手套，注意保证无菌操作环境不被杂菌污染。

六、实验结果分析

1.测量不同菌株水解圈的大小，记录于表3-1。

表3-1　不同菌株水解圈的大小

菌株	$(D-d)$/cm
G1	
G2	
G3	

2.绘制菌株生长曲线。

3.测定种子发芽率及发芽指数。

七、问题和思考

1.思考不同培养基的组成成分及作用。

2.目前已报道的高温降解菌有哪些？

实验二　固氮菌、解磷菌的初步分离筛选

一、实验目的和内容

1. 掌握选择性培养基的筛选原理。
2. 掌握固氮菌、解磷菌的分离方法。
3. 学习固氮菌和解磷菌活性验证的方法。

二、实验原理

选择性培养基的目的是从混杂的微生物中分离出所需的微生物，其主要是根据一些微生物的特殊营养要求或对物理、化学因素有专属抗性影响而设计的培养基。

固氮菌包括自生固氮菌、共生固氮菌和联合固氮菌。其中自生固氮菌可以利用空气中的氮作为氮源进行自身代谢，根据这一原理可以利用无氮培养基将固氮菌从混合菌中分离出来。解磷菌可以在含有难溶性磷酸盐或有机磷的固体培养基产生溶磷圈，根据这一特性可以分离出解磷菌。同理，可以根据解钾菌的生理特性选择合适的培养基将其分离出来。

固氮菌的鉴定则利用固氮菌能合成固氮酶，固氮酶能将乙炔还原为乙烯的原理，用乙炔代替氮气，通过气相色谱技术检测乙烯生成可以间接测定固氮酶的活性，进而鉴定固氮菌。解磷菌的鉴定则利用解磷菌能够将难溶性磷酸盐转化为可溶性的磷的原理，采用钼锑抗比色法，650nm下测定发酵液中可溶性磷的含量，进而鉴定解磷菌。

三、实验材料和用具

1. 材料与化学试剂

（1）样品　无菌水、土壤样品（自备）。

（2）培养基

① Ashby 无氮分离固氮菌培养基　磷酸二氢钾（KH_2PO_4）0.2g、硫酸

镁（$MgSO_4 \cdot 7H_2O$）0.2g、氯化钠（NaCl）0.2g、碳酸钙（$CaCO_3$）5.0g、甘露醇（$C_6H_{14}O_6$）10.0g、硫酸钙（$CaSO_4 \cdot 2H_2O$）0.1g、琼脂18.0g、蒸馏水1000mL，pH 6.8～7.0。

② 无机磷分离解磷菌培养基　葡萄糖10.0g、$(NH_4)_2SO_4$ 0.5g、NaCl 0.3g、KCl 0.3g、$MgSO_4 \cdot 7H_2O$ 0.3g、$FeSO_4 \cdot 7H_2O$ 0.03g、$MnSO_4 \cdot 4H_2O$ 0.03g、$Ca_3(PO_4)_2$ 10.0g、琼脂18.0g、蒸馏水1000mL。

2.仪器设备

培养皿、玻璃棒、烧杯、量筒、酒精灯、pH试纸、天平、高压蒸汽灭菌锅、生化培养箱、超净工作台、接种环、气相色谱仪和可见分光光度仪等。

四、实验步骤

1.培养基的配制

将配置好的培养基于115℃条件下高压灭菌25min。将灭菌后的培养基在超净工作台倒平板，备用。

2.样品处理

将土样与无菌水按5g/10mL比例于无菌离心管中充分溶解后，3000r/min离心5min。

3.接种

在超净工作台，用灭菌的接种环蘸取离心后上清液，用平板划线分离法分别在Ashby培养基和无机磷培养基上接种土样。接种完成后在培养基上贴上标签，注明培养基名称和样品编号、接种日期，将培养皿放在恒温培养箱中28℃培养48h。

4.筛选

挑取在Ashby平板上能旺盛生长并能产生棕色、褐色或黑色色素的菌落，移入斜面，培养保藏备用。观察细菌在无磷培养基上的生长情况，挑取溶磷圈较大的单个菌落作为初筛的结果。

5.鉴定

（1）固氮菌酶活性的鉴定　将2mL乙炔气体冲入试管斜面内，塞上无菌橡皮塞，28℃培养24h后，用气相色谱仪测量试管中乙烯的峰面积，与乙炔峰面积相比，比值越大，固氮酶活性越高。

（2）解磷菌能力验证　在不含磷的基础培养基中添加一定量的磷矿粉制成液体培养基，250mL锥形瓶每瓶装液100mL，再添加磷矿粉0.5g，接种初筛菌株，28℃、180r/min培养7d。采用钼锑抗比色法，650nm下测定发酵液中可溶性磷的含量。

五、注意事项及安全警示

1.不同培养基配制特点不同，要注意具体操作。

2.接种过程确保在无菌环境下进行。

3.乙炔属于易燃易爆气体，必须配置合格的乙炔钢瓶，并且单独存放于通风位置。

六、实验结果分析

1.简述固氮菌和解磷菌的分离培养及筛选过程。

2.附照片说明本实验的分离鉴定结果。

七、问题和思考

1.筛选固氮能力强的菌株有何意义？

2.若对初步分离的固氮菌进行生理生化指标的评定，应设计哪些评定项目？

3.固氮菌和解磷菌对农业生产有何作用？

实验三　解钾菌的初步分离筛选

一、实验目的和内容

1. 掌握选择性培养基的筛选原理。
2. 掌握解钾菌的分离方法。
3. 巩固平板划线分离法的操作。

二、实验原理

钾是作物生长的重要营养素之一。解钾细菌多是硅酸盐细菌，其能分解矿物质并释放钾等元素供植物利用，将土壤中无效钾元素转化为有效态钾，同时也有固氮和解磷功能。利用选择性培养基的筛选原理，从土壤中筛选具解钾作用的菌株，利用火焰光度法测定培养液中的钾含量，即可判断解钾菌的解钾能力。

三、实验材料和用具

1. 材料与化学试剂

（1）材料　无菌水、土壤样品（自备）。

（2）培养基

① 营养琼脂培养基　牛肉膏 3.0g、蛋白胨 10.0g、NaCl 5.0g、琼脂 18.0g，pH 7.2，去离子水 1000mL。

② 亚历山鲍罗夫培养基　蔗糖 5.0g、Na_2HPO_4 2.0g、$MgSO_4 \cdot 7H_2O$ 0.5g、$FeCl_3$ 5.0mg、$CaCO_3$ 0.1g、钾长石粉 1.0g（去离子水清洗 5 次）、琼脂 20.0g，pH 7.0，去离子水 1000mL。液体培养基不加琼脂。

③ 基础培养基　蔗糖 10.0g、$MgSO_4 \cdot 7H_2O$ 0.5g、$CaCO_3$ 1.0g、$(NH_4)_2SO_4$ 1.0g、NaCl 0.1g、酵母膏 0.5g、K_2PO_4 2.0g，pH 7.4，去离子水 1000mL。

2.仪器设备

培养皿、玻璃棒、烧杯、量筒、酒精灯、pH 试纸、天平、高压蒸汽灭菌锅、生化培养箱、超净工作台、接种环、火焰光度计等。

四、实验步骤

1.分离

在无菌操作下称取新鲜土壤样品 10g，加入 90mL 无菌水的锥形瓶中，充分混匀。28℃、180r/min 振荡培养 48h，即配制成 10^{-1} 土壤稀释液。用移液器吸取 1.0mL 稀释液，加入到含 9mL 无菌水的试管中，混匀成 10^{-2} 土壤稀释液，依次类推，分别制成 10^{-3}、10^{-4}、10^{-5}、10^{-6} 土壤稀释液。

2.筛选

选取 10^{-4}、10^{-5}、10^{-6} 土壤稀释液，分别吸取 $100\mu L$ 加入到营养琼脂培养基中，进行平板涂布，涂布均匀后置 30℃培养 3d 左右。挑取边缘整齐、湿润、黏稠、无色透明、富有弹性的单菌落，转接到亚历山鲍罗夫培养基中，28℃、180r/min 培养 7d，富集解钾菌。

3.鉴定

解钾菌的解钾能力测定采用火焰光度法。进行火焰法测试并绘制 KCl 标准曲线，即可计算出待测液的钾含量。转接 50mL 初筛培养液至基础培养基，加入 0.5g 钾长石粉，以不接种的一组作为对照组，160r/min、30℃培养 14d。培养液水浴蒸发浓缩至只剩黏稠物质，加入大约 4mL 质量分数为 6% 的双氧水继续高温水浴蒸发，直至黏稠物质完全溶解，4℃下 4000r/min 离心 10min，取上清液至 50mL 容量瓶，去离子水定容。用火焰光度计测定培养基中速效钾含量，以不接种的解钾培养基为空白对照。

五、注意事项及安全警示

1.按照操作规程使用火焰光度计。

2.火焰光度计的燃烧室与烟囱罩使用时温度较高，勿凑近或用手触摸。

六、实验结果分析

1.简述解钾菌的分离培养及筛选过程。

2.附照片说明本实验的分离鉴定结果。

七、问题和思考

1.解钾菌有何作用及意义？

2.分离解钾菌的培养基是什么培养基？阐述其具体组分及相应组分的作用。

实验四　生防菌的抑菌作用

一、实验目的和内容

1. 理解并掌握生防菌对病原微生物的拮抗作用原理。
2. 掌握抑菌实验的基本操作。

二、实验原理

生防微生物在植物病害防治中表现出良好的防控效果以及生态安全性，具有较大的开发应用潜力。用于防治植物病害的生防微生物种类很多，最常见的为真菌类和细菌类。生防菌主要通过产生抗生物质、溶菌作用、重寄生、促进植物生长和诱导植物产生抗病性等机制防治病害。本实验通过平板对峙法测定生防菌对病原微生物的拮抗作用，利用平板交叉法测定病菌菌落直径，通过未加生防菌和加入生防菌后的菌落直径计算其抑菌率，从而判断生防菌的抑菌效果。

三、实验材料和用具

1. 材料与化学试剂

（1）菌种　市售生防菌剂（西姆芽孢杆菌、哈茨木霉菌）。

（2）培养基　PDA 培养基：马铃薯 200g，葡萄糖 20g，蒸馏水 1000mL，琼脂粉 17g。

2. 仪器设备

培养皿、玻璃棒、烧杯、量筒、天平、高压蒸汽灭菌锅、生化培养箱、超净工作台、接种环、酒精灯、pH 试纸等。

四、实验步骤

1. 病菌微生物培养

从校园植物或者果树等进行病原微生物的取样，接种在 PDA 平板培养基上，28℃活化培养 5d。

2.病原微生物分离纯化

用无菌打孔器在菌落外缘取直径为 5mm 的菌饼，接种到 PDA 平板中央备用。

3.生防菌悬浮液制备

将市售的两种生防菌剂按照各自的有效成分含量，用无菌水梯度稀释至浓度为 $2×10^8$ 个/mL 的菌悬液。若是西姆芽孢杆菌，则接种于 LB 液体培养基中，置于 30℃、120r/min 恒温摇床中培养 24h，然后梯度稀释成浓度为 $2×10^8$ 个/mL 的菌悬液备用。

4.抑菌作用测定

采用平板对峙法测定抑菌作用。在 PDA 平板正中央接种病原菌饼，同时在距离菌饼 3cm 处选取 4 个点，每两个相邻的点与中央点的连线的夹角均呈 90°，在 4 个点上接种 1.5μL 西姆芽孢杆菌悬液。

哈茨木霉菌对病原菌的拮抗实验采用两点平板对峙法，即在距 PDA 平板正中央 2.5cm 处选取两点，使得两点通过平板中央连成一直线，一点接种病菌，另一点接种 1.5μL 的哈茨木霉菌悬液。对照以相同体积的无菌水替代生防菌菌悬液。试验设 3 次重复。

5.测量和计算

将各处理平板置于 28℃培养箱中培养，待对照组菌落直径长至培养皿直径的 2/3 时，采用十字交叉法测定各处理病菌菌落直径，计算菌落直径平均值和菌丝生长的抑制率（抑菌率）。抑菌率的计算公式为：

$$抑菌率 = \frac{对照组菌落直径 - 处理组菌落直径}{对照组菌落直径 - 0.5cm} × 100\%$$

五、注意事项及安全警示

1.选取代表样本接种时，先对该样本进行除菌操作，再进行接种工作。

2.制备生防菌菌悬液时，确保在同一条件下进行多个处理的制备工作。

3.采用平板对峙法时，确保在无大风无菌条件下操作，避免因操作环境污染试验平板进而导致实验误差。

六、实验结果分析

抑菌实验结果记录于表 3-2。

表 3-2　抑菌实验结果

组别	菌落直径	抑菌率
1		
2		
3		
……		

七、问题和思考

1.除了平板对峙法，还有哪些方法可以测定生防菌对病原微生物的拮抗作用？

2.本实验为什么采用平板对峙法而不采取其他方法进行？

3.通过查阅文献，比较本实验，叙述目前关于生防菌的抑菌实验有哪些改良方法。

参考文献

[1] 文亚雄，谭石勇，邱尧，等. 1株秸秆降解高温菌的筛选、鉴定及堆肥应用[J]. 江苏农业科学，2018，46(22)：296-300.

[2] 江高飞，暴彦灼，杨天杰，等. 高温秸秆降解菌的筛选及其纤维素酶活性研究[J]. 农业环境科学学报，2020，39(10)：2465-2472.

[3] 陆依琳，赵晴雨，彭学. 2株固氮菌的分离与鉴定[J]. 江苏农业科学，2020，48(16)：298-302.

[4] 王明欢，张小娜，林冰，等. 中药药渣中固氮菌、解磷菌、解钾菌的筛选[J]. 中成药，2020，42(02)：531-533.

[5] 赵君，饶惠玲，王耘籽，等. 红壤区杉木根际高效解磷菌的筛选、鉴定及培养条件

　　优化[J]. 厦门大学学报(自然科学版)，2022，61(11)：10.

[6] 庄馥璐，柴小粉，高蓓蓓，等. 苹果根际解磷菌的分离筛选及解磷能力[J]. 中国
　　农业大学学报，2020，25(07)：69-79.

[7] 李春钢，钟艳，李夏夏，等. 一种新型解钾菌的筛选及鉴定[J]. 贵州大学学报(自
　　然科学版)，2017，34(04)：132-135.

[8] 孙金凤，翟景琳，钱坤，等. 解钾菌的分离筛选及其解钾能力测定[J]. 淮阴工学
　　院学报，2017，26(05)：52-56.

[9] 刘彩云，许瑞瑞，季洪亮，等. 一株生防内生真菌的分离筛选、鉴定及抑菌特性
　　[J]. 植物保护学报，2015，42(05)：806-812.

[10] 黄雪兰，李菊馨，周海兰，等. 3种生防真菌对剑麻茎腐病病菌黑曲霉的抑制效
　　果[J]. 农业研究与应用，2019，32(01)：16-20.

·第四章·
食品微生物资源开发利用实验

食品微生物的资源开发已广泛应用于现代发酵技术中，即利用微生物在适宜的条件下，将原料经过特定的代谢途径转化为人类所需要的产物。已被广泛开发利用至食品领域的微生物资源有细菌、霉菌，细菌有乳酸菌和醋酸菌等，酵母菌有啤酒酵母等，霉菌有米曲霉、黑曲霉、毛霉、米根霉、青霉等。其中乳酸菌发酵果蔬汁可制成新型饮料，啤酒酵母广泛应用于啤酒、白酒酿造和面包制作，米曲霉具有较强的淀粉酶和蛋白酶活力，是酱油、面酱发酵的主发酵菌。

本章包括毛霉的分离与腐乳的制作、传统大豆发酵食品中纳豆芽孢杆菌的初筛及纳豆发酵、发酵泡菜中乳酸菌种群的分离筛选、果酒发酵等实验项目。通过这些实验项目的学习，可掌握基本环境样品中食用微生物资源分离技术，了解微生物资源发酵基本工艺。

科普知识

1. 腐乳最早出现于汉代，在我国民间流传了数千年，是具有中国传统特色的民间美食。后传至东南亚地区，由于其风味独特、口感醇厚，受到了世界各地人民的喜爱，被称为"中国奶酪"（Chinese cheese）。

2. 方心芳（1907—1992），中国科学院院士，中国微生物学家，领导了酵母菌分类、遗传育种和青霉、曲霉、根霉、白地霉、乳酸菌、醋酸菌等的分类研究，选育出大批优良菌种应用于工业生产，还开展了丙酮-丁醇、氨基酸、调味核苷酸的发酵生产研究，创立了烷烃发酵生产长链二元酸的生产工艺。被誉为中国"巴斯德"，是应用微生物学研究传统发酵食品的先驱者，带领团队保存了一千多种酵母菌和霉菌。

实验一 **毛霉的分离与腐乳的制作**

一、实验目的和内容

1. 学习毛霉的分离和纯化方法。
2. 掌握腐乳发酵的工艺流程。
3. 观察腐乳发酵过程中的变化。

二、实验原理

现代酿造厂所生产的腐乳多为鲁氏毛霉或根霉发酵而成，而我国传统腐乳发酵均为自然发酵。根据腐乳发酵所利用的菌种种类不同，腐乳还可分为毛霉型、根霉型和细菌型。毛霉占腐乳菌种的 90％～95％。

腐乳的制作原理为：首先将分离筛选的毛霉接种于豆腐坯，培养繁殖一段时间后，毛霉将分泌蛋白酶、淀粉酶、谷氨酰胺酶等复杂酶系，经压坯和装坛后发酵中毛霉及分泌的酶系与原料及调料中的酶系、酵母、细菌等协同作用，水解腐乳坯中蛋白质使其生成多种氨基酸，在微生物代谢下最后形成细腻、鲜香的腐乳。

三、实验材料和用具

1. 材料与化学试剂

（1）菌种　毛霉斜面菌种。

（2）培养基　马铃薯葡萄糖琼脂培养基（PDA），豆腐坯、红曲米、甜酒酿、面曲、黄酒、白酒、食盐和无菌水。

2. 仪器设备

培养皿、锥形瓶、接种针、喷枪、小刀、带盖广口玻璃瓶、小笼格、显微镜、恒温培养箱。

四、实验步骤

1. 培养基的配置

制备 PDA 培养基。

2. 毛霉的分离

从长满毛霉菌丝的豆腐坯上取小块于 5mL 无菌水中，摇匀，制成孢子悬液，用接种环挑取菌悬液进行平板划线，于 20℃培养 1～2d 后，获得单菌落和试管菌种。

3. 毛霉的初步鉴定

（1）菌落观察　观察菌落形态、菌丝生长情况。

（2）显微镜观察　用霉菌染色法，加 1 滴石炭酸液至载玻片上，挑取少量菌丝于载玻片上后，用接种针轻轻将菌丝体分开，盖上盖玻片，显微镜下观察孢子囊、梗的着生情况。

毛霉的初步鉴定：无假根和匍匐菌丝；菌丝生长不发达，孢囊梗直接由菌丝长出，单生或分枝。

4. 富集培养

（1）富集培养基制备　将豆渣与麸皮按照一定的比例如 3∶1、2∶1 或 1∶1，水分占 60%，混合搅拌均匀，置入锥形瓶 2cm 高处，需要疏松。棉塞包扎灭菌后备用。

（2）富集培养　培养基灭菌结束后，在温热的状态下将豆渣与麸皮趁热摇散，待冷却后接入菌种一小块，置于恒温箱中 25～28℃培养，培养 2～3d 后观察菌丝的孢子情况，将大量生长的孢子在 -50℃下干燥制成孢子粉备用。

5. 腐乳的制备

（1）接种孢子　将豆腐坯划成 4.0cm×4.0cm×1.5cm 的块状放置好，然后将豆腐坯均匀竖放在笼格内，确保块与块之间间隔 2cm。将低温干燥制成的菌粉，装入喷枪后直接均匀喷洒在豆腐坯上，确保每块豆腐周身喷洒上孢子。接种温度不宜过高，一般为 40～45℃。

（2）培养与晾花　将接种毛霉的豆腐坯的笼格放入培养箱中，20℃培养 1d 后，为让豆腐坯更换新鲜空气，每隔一段时间将上下层调换一次，观察毛霉生长情况。培养 2d 后，观察腐乳坯上毛霉生长的情况，当出现毛霉呈棉花絮状、菌丝下垂、白色菌丝已包围住豆腐坯的情况，即可将笼格取出。外部环境让热量和水分散失，坯迅速冷却，以增加酶的作用。

（3）装瓶与压坯　腐乳坯块装入玻璃瓶内之前，先将冷却至 20℃ 以下的腐乳坯块上互相紧密依附的菌丝轻轻拨开，用手指轻轻地在每块表面揩涂一遍，使豆腐坯上形成一层"皮衣"，边轻轻地揩涂边沿瓶壁呈同心圆方式一层一层向内侧放入瓶，摆满一层后可稍用手轻轻压平，每放一层以每 100 块豆腐坯用盐约 400g 的量将盐撒在腐乳坯的表面，使其平均含盐量约为 16%，如此类推至铺满整瓶为止。由于腐乳坯块在腌制中水分析出，下层食盐用量少，上层食盐逐层增多，使盐分充分渗入毛坯；同时为使上下层含盐均匀，腌坯到 3～4d 时需加适量的盐水淹没坯面，称之为压坯。腌坯周期冬季 13d，夏季 8d。

（4）装坛发酵　将腌坯沥干，待坯块稍有收缩后，加配置好的酒水和汤料注入瓶中，淹没腐乳，加盖密封，常温下贮藏 2～4 个月待成熟。

6. 质量鉴定

待腐乳成熟后开瓶，按照 SB/T 10170—2007《腐乳》进行腐乳感官质量鉴定、评价。

五、注意事项及安全警示

1. 斜面菌种的培养时，温度不可过高，应在 30℃ 以下，否则菌丝会发生自溶，通常 3d 即可形成大量孢子。

2. 毛霉是好氧细菌，扩大培养时，培养基不可装入太多，厚度最好在 1～2cm，使之有较大的空气接触面积，确保有氧气供给毛霉。灭菌后，基料变实，应将其打散后再接种孢子粉，注意要将培养基和孢子粉充分拌匀搅松。

3. 在培养与晾花过程注意通风更换新鲜空气，以免产生霉味等异臭味，也需要特别注意保温、保湿，才能使毛霉生长旺盛。

六、实验结果分析

1.绘制实验流程图。

2.对制得的腐乳进行感官评价。

七、问题和思考

1.腐乳生产发酵的原理是什么？

2.试分析腌坯时所用食盐含量对腐乳质量有何影响。

3.请针对霉菌生长特性、产蛋白酶特性等方面，给出优化培菌发酵条件、产品配方及保鲜防腐工艺，提升产品品质的详细方案。

一、实验目的和内容

1. 学习传统大豆发酵食品中纳豆芽孢杆菌的分离和纯化方法。

2. 掌握纳豆发酵的工艺流程。

3. 观察纳豆发酵过程中的变化，学会运用微生物发酵原理进行分析。

二、实验原理

纳豆是大豆经枯草芽孢杆菌发酵制成的一种传统食品。纳豆芽孢杆菌是1906 年 Swamula 首次从纳豆中筛选出的一种枯草芽孢杆菌属的新型菌株。纳豆芽孢杆菌可促进机体对营养物质的分解与吸收，主要是由于该菌芽孢结构具有耐受各种环境胁迫的能力并能在肠道中定植生长。同时纳豆芽孢杆菌发酵具有溶解血栓、预防骨质疏松、抗氧化、降血压和增强机体免疫功能等作用。

为避免所筛选的纳豆芽孢杆菌不发酵产生纳豆或效果不佳的问题，本实验以蛋白酶、产细胞外黏性多糖和生物素依赖性进行纳豆芽孢杆菌菌株的筛选，以获得性能较好的纳豆芽孢杆菌。然后将所筛选的纳豆芽孢杆菌接种至大豆进行发酵，并对其开展感官评价。

三、实验材料和用具

1. 材料与化学试剂

（1）材料 豆酱由毕节家庭自制；豆豉由遵义家庭自制；稻草。

（2）菌种 市售纳豆发酵剂中纯化的菌株：纳豆发酵剂菌株 NR 或 MG、KT；不能产纳豆的枯草芽孢杆菌。

（3）培养基

① 肉汤培养基 10g 大豆蛋白胨、10g 牛肉膏、5g NaCl、20g 琼脂，pH 7.0，蒸馏水 1000mL。

② 脱脂奶培养基 100g 脱脂奶、10g 胰蛋白胨、5g 酵母提取物、10g

NaCl、20g 琼脂，pH 7.2～7.4。

③ 产细胞外黏性多糖菌株筛选的培养基　30g 蔗糖、15g 大豆蛋白胨、2.5g KH_2PO_4、1.7g Na_2HPO_4、0.5g NaCl、0.005g $MgCl_2 \cdot 7H_2O$、15g 一水合谷氨酸钠。

④ 生物素缺陷型菌株筛选的培养基　8% 甘油、15g 二水合柠檬酸三钠、7g NH_4Cl、0.005g K_2HPO_4、0.005g $MgCl_2 \cdot 7H_2O$、0.00031g $FeCl_3 \cdot 2H_2O$、0.0015g $CaCl_2 \cdot 2H_2O$、0.01g $MnSO_4 \cdot H_2O$、0.5g/mL 生物素、20g 琼脂。

以不加生物素的培养基为不含生物素培养基对照。

2. 仪器设备

恒温培养箱、超净工作台、高压灭菌锅、水浴锅、低温离心机等。

四、实验步骤

1. 分离菌初筛

(1) 样品处理　称取 1～2g 豆酱、豆豉和稻草（稻草剪切成 1cm 长）加入 0.9% 无菌生理盐水，室温下搅拌 10min 后，80℃ 加热 20min，冷却至室温后梯度稀释。

(2) 稀释涂布和富集培养　分别吸取不同的 4～5 个梯度涂布于肉汤琼脂培养基上，37℃ 培养 2d 后，挑取单个菌落于肉汤液体培养基中培养。

2. 分离菌复筛

(1) 将初筛的菌株使用点样法接种于脱脂奶琼脂培养基，37℃ 培养 2d，观察溶解圈的情况，并用游标卡尺测量直径。

(2) 产细胞外黏性多糖菌株的筛选　将溶解圈较大的菌株分别点接于产细胞外黏性多糖菌株固体培养基，37℃ 培养 2d。

(3) 生物素缺陷型菌株筛选　用牙签或接种环挑起菌株分别在含有生物素和不含生物素的琼脂培养基上划线，37℃ 培养 2d。

将分离到的生物素依赖菌株点样于纤维蛋白琼脂培养基，点样的平板 37℃ 培养 48h 后，测定溶解圈大小，选择溶解圈直径在 0.8～1.1cm 的菌株进行后续实验。

3. 纳豆芽孢杆菌的初步鉴定

菌株形态学观察并记录菌落特征；对筛选菌株的活菌和芽孢进行染色，并在显微镜下观察细胞结构。

4.纳豆发酵方法及操作要点

（1）制备种子发酵液　将保存的菌株活化2～3代，接种于肉汤液体培养基中，37℃、170r/min培养16h。

（2）大豆的处理　挑选大小均匀的大豆，清洗后，室温下自来水浸泡至发涨，使发涨后的重量约是浸泡前的2倍，再称取浸泡后的大豆20～25g置于锥形瓶中，并用棉塞封口，121℃下蒸煮30min。

（3）接种与发酵　将活化的菌液$1×10^4$cfu/mL接种至蒸煮的锥形瓶中，39℃发酵18h，至大豆表面布满白色粉末状物质；并在4℃下保持后熟24h。

（4）感官评价。

五、注意事项及安全警示

高压灭菌锅灭菌完毕后，不可放气减压，否则瓶内液体会剧烈沸腾，冲掉瓶塞而外溢甚至导致容器爆裂。须待灭菌锅内压力降至与大气压相等后才可开盖。

六、实验结果分析

1.绘制实验流程图。

2.进行纳豆发酵的感官评价。

七、问题和思考

1.纳豆激酶溶解人体血栓的原理是什么？

2.实验过程中蛋白酶活性菌株为什么选用脱脂奶培养基进行筛选？同时生物素的作用是什么？

3.纤维蛋白培养基在本实验中起什么作用？

4.本发酵实验过程中对人类潜在的生物安全危害是什么？

实验三　发酵泡菜中乳酸菌种群的分离筛选

一、实验目的和内容

1. 了解乳酸菌在泡菜发酵中的作用。
2. 掌握乳酸菌分离筛选的原理和方法。

二、实验原理

乳酸菌是一种能产生大量乳酸的细菌。乳酸菌是泡菜中的优势菌，泡菜是利用乳酸菌等微生物从新鲜蔬菜发酵而成，其发酵原理是乳酸菌将原料中可溶性物质发酵产生一些生物活性物质，如酯类化合物、乳酸、乙酸和多种氨基酸。泡菜中常见的乳酸菌有乳杆菌属、链球菌属、双歧杆菌属、片球菌属等。乳酸菌能在发酵环境中增加环境酸性，从而抑制其他细菌的生长。

乳酸菌产酸特性的初步测试可通过将菌株接种在乳酸菌液体培养基一定时间后，测试发酵液的 pH 值来进行。

三、实验材料和用具

1. 材料与化学试剂

（1）材料　市售或自然发酵农家泡菜。

（2）培养基

① 乳酸菌液体培养基　蛋白胨 10g、牛肉膏粉 10.0g、酵母膏粉 4.0g、柠檬酸三铵 2.0g、$C_2H_3NaO_2$ 5.0g、$MnSO_4 \cdot 4H_2O$ 0.05g、$MgSO_4 \cdot 7H_2O$ 0.2g、$K_2HPO_4 \cdot 3H_2O$ 2.0g、葡萄糖 20.0g、吐温-80 1.0g、1000mL 蒸馏水，pH 5.7 ± 0.2。

② 乳酸菌固体培养基　向乳酸菌液体培养基中加入 1.5％琼脂制成。

2. 仪器设备

恒温培养箱、超净工作台、高压灭菌锅、水浴锅、低温离心机等。

四、实验步骤

1. 泡菜样品采集

选取市售或农家泡菜，用无菌移液器吸取适量泡菜汁液转移至灭菌采样瓶中，低温保存。

2. 泡菜样品中产酸菌的计数和分离

吸取 10mL 泡菜汁加入 0.9% 无菌生理盐水 90mL，并进行梯度稀释，分别吸取 $100\mu L$ 的 $10^{-3} \sim 10^{-8}$ 倍稀释液均匀涂布于乳酸菌固体培养基中，37℃培养 $24 \sim 48h$。选取产生黄色圈的菌落进行计数。

3. 乳酸菌的纯化

轻轻挑取产黄色圈的菌落接种于乳酸菌平板中分离划线，然后挑取单个菌落进行过氧化氢酶实验和革兰氏染色。

4. 产酸能力初步筛选

乳酸菌株 37℃ 活化 $12 \sim 24h$ 后，以 2% 接种量接种到乳酸菌液体培养基（pH 为 6.50）中，37℃ 静置培养 24h，测定发酵液 pH。

5. 产酸特性分析

筛选发酵液 pH 低于 4.0 的乳酸菌株，37℃ 活化 18h，6000r/min 离心 10min 得到菌体，使用浓度 0.9% 无菌生理盐水调节菌液浓度为 1.0×10^8 cfu/mL，以 2% 接种量接种于 100mL 乳酸菌液体培养基（pH 6.50）中，于 37℃ 培养，测定 24h 内不同发酵时间下发酵液 pH 值并绘制变化曲线。

五、注意事项

1. 革兰氏染色过程注意染液要覆盖菌体；其次是染色的脱色时间。

2. 采用牛乳培养基琼脂平板筛选乳酸菌时，注意挑取典型特征的黄色菌落，结合镜检观察，有利于高效分离筛选乳酸菌。

六、实验结果分析

1. 绘制整个实验流程图。

2. 测定发酵液 pH，绘制变化曲线。

3.革兰氏染色和过氧化氢酶实验结果的分析。

七、问题和思考

1.分离纯化乳酸菌时，首先需要用无菌生理盐水对泡菜滤液进行梯度稀释，这样做的理由是什么？

2.筛选的菌株进行过氧化氢酶实验的原理和意义是什么？

3.实验结果呈革兰氏阳性和过氧化氢酶阴性，可初步判断为乳酸菌的原理是什么？

4.请简述乳酸菌及其发酵产物在食品工业上的限制因素及相应的解决方案。

实验四　果酒发酵

一、实验目的和内容

1. 了解果酒发酵原理。
2. 了解果酒发酵流程。

二、实验原理

果酒发酵是利用酵母菌繁殖代谢将水果本身的糖分发酵转化为酒精的过程，发酵的果酒含有水果的风味与酒精。水果种类繁多，其中丰富的营养物质为果酒的制作提供了多样化的原料，大部分发酵后的果酒具有较好的营养、药用价值。

果酒发酵原理是酵母菌在厌氧条件下，通过 EMP（糖酵解途径）使每分子的葡萄糖分解为 2 分子丙酮酸，在酶的作用下进一步使丙酮酸脱羧为乙醛，最终生成 2 分子乙醇、2 分子 CO_2 和能量，其反应式如下，

$$C_6H_{12}O_6 \longrightarrow 2C_2H_5OH + 2CO_2 + 能量$$

影响果酒发酵的因素有温度、氧气、SO_2 和 pH 等。

三、实验材料和用具

1. 材料与化学试剂

（1）材料　猕猴桃、苹果梨、大枣、百香果。

（2）化学试剂　壳聚糖、葡萄糖。

2. 仪器设备

恒温培养箱、超净工作台、高压灭菌锅、水浴锅、低温离心机、pH 计、蒸溜瓶、容量瓶等。

四、实验步骤

1. 发酵工艺流程（图 4-1）

$$Na_2SO_3$$

水果 ⟶ 预处理 ⟶ 榨汁 ⟶ 酶解 ⟶ 过滤 ⟶ 接种 ⟶

主发酵 ⟶ 过滤 ⟶ 后发酵 ⟶ 澄清 ⟶ 陈酿 ⟶ 成品

图 4-1 发酵流程图

(1) 预处理、榨汁和酶解 将水果洗净去皮，切碎后按照料液比 1∶3 加水，加入 90mg/L Na_2SO_3 护色，放入榨汁机中，3%果胶酶 45℃恒温水浴下酶解 3h，酶解后迅速加热至 90℃灭酶 5min，过滤，冷却备用。

(2) 调 pH 用白砂糖调果汁糖度和酸性至 pH 4.5～5.0。

(3) 酵母活化与接种 将用 2%葡萄糖溶液在 37℃活化 30min 后的酵母菌接种于果汁中。

(4) 主发酵 24℃恒温发酵，观察发酵过程中排气和温度的变化情况。当温度接近初始设置温度且无气体产生时，主发酵结束。

(5) 过滤 主发酵结束后，再次进行过滤。

(6) 后发酵 将过滤后的滤液采用虹吸法引入另一发酵容器中，密闭防止氧化，14℃静置发酵 15d。

(7) 澄清 后发酵结束后，加入 0.6mg/mL 的壳聚糖澄清 24h。

(8) 陈酿和出品 同样采用虹吸方法将上层澄清酒液转入另一灭菌后的发酵容器中，密封，5℃存放 2 个月。

2.感官评价和理化指标测定

(1) 感官评价 根据 GB/T 15038—2006《葡萄酒、果酒通用分析方法》中果酒的感官评价指标，评价其色泽、外观、香气、滋味等。

(2) 理化指标测定

① 样品前处理 准确量取 100mL 样品于 500～1000mL 蒸馏瓶中，用 50mL 蒸馏水分多次洗涤残留，将洗涤液转移至蒸馏瓶，连接冷凝器后水浴蒸馏出液体，置于 100mL 容量瓶中至刻度线，静置一定时间，直至气泡消失为止。将容量瓶置于 20℃水浴下恒温 30min，补水至刻度线，备用。

② 理化指标测试 果酒中总糖和还原糖理化指标测试参照 GB/T 15038—2006《葡萄酒、果酒通用分析方法》进行，酒精度参照 GB 5009.225—2016《食品安全国家标准 酒中乙醇浓度的测定》进行。

五、注意事项及安全警示

1.榨汁机、发酵瓶、纱布等实验用具应清洗干净。

2.发酵过程中应避免发生微生物污染，从而导致果酒变质。

六、实验结果分析

1.进行果酒的感官分析。

2.测定发酵后的果酒酒精度。

七、问题和思考

1.果酒发酵的技术要点是什么？

2.果酒的质量标准是什么？

3.思考发酵过程中温度对酵母菌的影响机理是什么。

参考文献

[1] 陈卓，吴学凤，穆冬冬，等.红腐乳后酵期风味物质与细菌菌群分析[J].食品科学，2021，42(06)：118-125.

[2] 李竹莹.人工接种和自然接种毛霉生产豆腐乳比较[J].中国酿造，2008(18)：72-82.

[3] 刘彦敏，沈璐，王康，等.传统大豆发酵食品中纳豆芽孢杆菌的分离及纳豆发酵[J].食品科学，2020，41(2)：208-214.

[4] 闫泉香，冯利，徐峰，等.纳豆激酶的溶栓作用及其机制研究[J].食品工业科技，2021，42(24)：7.

[5] 刘珍.纳豆芽孢杆菌产维生素 K2(MK-7)的工艺优化及比较代谢组学分析[D].无锡：江南大学，2021.

[6] 肖婧泓，辛嘉英，刘青云，等.微生物发酵提高豆渣可溶性蛋白的研究进展[J].饲料研究，2021，44(11)：131-134.

[7] 周先容，兰凌霞，汤艳燕，等.泡菜中乳酸菌的分离鉴定及体外抗性筛选[J].食品与机械，2017，33(10)：6-10.

[8] 任亭，刘玉凌，彭玉梅，等.传统泡菜中乳酸菌的筛选鉴定及其在麻竹笋泡菜中的应用[J].食品科技，2021，46(08)：33-37，45.

[9] 李旭阳，刘慧燕，潘琳，等.宁夏自然发酵泡菜中乳酸菌的分离鉴定及其在枸杞汁发酵中的应用[J].食品工业科技，2021，42(23)：9.

[10] 刘延波，张达，卢倩倩，等. 赊店老酒大曲中可培养真菌的分离和鉴定[J]. 中国酿造，2021，40(09)：76-81.

[11] 谭雯文. 杨桃果酒发酵工艺[J]. 食品工业，2020，41(05)：24-27.

[12] 程宏桢，蔡志鹏，王静，等. 百香果全果酒发酵工艺优化及体外抗氧化性比较分析[J]. 中国酿造，2020，39(04)：91-97.

[13] 李明瑕，刘春凤，王壬，等. 黄桃果酒发酵工艺优化及香气成分分析[J]. 食品与生物技术学报，2021，40(10)：39-49.

[14] GB/T 15038—2006　葡萄酒、果酒通用分析方法[S]. 北京：中国标准出版社，2006.

[15] GB 5009.225—2016. 食品安全国家标准　酒中乙醇浓度的测定[S]. 北京：中国标准出版社，2016.

·第五章·
工业微生物资源开发利用实验

微生物繁殖速度快的特征，在发酵工业上有着重要的实践意义。如酿造酵母代时为 120min，30℃下每日分裂次数为 12 次，每日增殖率为 4.1×10^3，1kg 的酵母菌一天内可以使几吨糖转化为酒精和二氧化碳。因此，可挖掘更多的繁殖速度快、代谢能力强的微生物应用于工业生产。

工业微生物资源，泛指可以用于工业化生产的微生物资源，即主要通过人工方法，利用微生物群体的生长代谢来批量加工或制造产品的发酵生产过程，获得巨大的经济效益、生态效益和社会效益，是生物化产业的核心。例如，利用微生物资源可生产各种有机溶剂、有机酸、抗生素、氨基酸、核苷酸、酶制剂等重要产品。

本章包括黑曲霉发酵生产柠檬酸、利用玉米粉产柠檬酸过程中黑曲霉的筛选、蛋白酶产生菌的筛选等实验项目。

科普知识

1. 许多真菌、细菌都可以产柠檬酸。1893 年后科学家发现微生物可产生柠檬酸，1951 年美国 Miles 公司首先采用深层发酵法生产柠檬酸，1971 年科学家发现黑曲霉能够产柠檬酸。

2. 张树政（1922—2016），生物化学家，中国科学院学部委员（院士）。主要从事黑曲霉、白地霉、红曲淀粉酶、糖苷酶及糖生物工程研究。

实验一　红薯粉中黑曲霉发酵生产柠檬酸

一、实验目的和内容

1. 熟练掌握真菌发酵的接种、培养与实验室菌种种子生产方法。
2. 掌握黑曲霉发酵产柠檬酸的原理及过程。
3. 掌握黑曲霉培养过程中培养基基质的变化与产物的形成情况。

二、实验原理

柠檬酸（α-羟基丙烷三羧酸）被广泛应用于食品工业的调味料、防腐剂，医疗等行业的制剂。柠檬酸是微生物体内非常重要的代谢产物。

黑曲霉发酵生产柠檬酸实验中需要大量活化的孢子，其制备是采用麸皮培养基中保存的黑曲霉孢子，在新的麸皮培养基上、在适当的温度下活化并大量繁殖，从而产生大量活化孢子。

黑曲霉发酵法生产柠檬酸主要涉及 EMP、HMP（磷酸戊糖途径）、TCA循环（三羧酸循环）、乙醛酸循环、丙酮酸酸化等。其代谢途径主要被认为是黑曲霉生长繁殖时产生的淀粉酶、糖化酶首先将红薯粉或玉米粉中的淀粉转变为葡萄糖；葡萄糖经过酵解途径转变为丙酮酸；丙酮酸氧化脱羧形成乙酰辅酶 A，然后在柠檬酸合成酶作用下合成柠檬酸。在限制氮源和锰等金属离子环境下，同时在高浓度葡萄糖和充分供氧的条件下，TCA 循环中酮戊二酸脱氢酶受阻遏，TCA 循环不能充分进行，使柠檬酸大量积累并排出菌体外。

三、实验材料和用具

1. 材料与化学试剂

（1）材料　红薯粉。

（2）菌种　黑曲霉。

（3）化学试剂　葡萄糖、亚硝酸钠、麸皮、α-高温淀粉酶（50000U/mL）。

（4）培养基

① 斜面活化培养基　葡糖糖 30.0g，NH_4Cl 3.0g，KH_2PO_4 1.0g，琼脂 15.0g，加入 1L 超纯水煮至微沸，待完全溶解后冷却至 50℃ 左右分装，备用。

② 液体种子培养基　葡萄糖 30.0g，$NaNO_3$ 3.0g，KH_2PO_4 1.0g，加入 1L 超纯水中煮至微沸，待完全溶解后冷却至室温，调节 pH 值至 6.0 分装，冷藏备用。

2. 仪器设备

恒温培养箱、水浴锅、摇床、高压灭菌锅。

四、实验步骤

1. 菌种活化与扩大培养

无菌条件下将黑曲霉接种在斜面培养基上，于恒温培养箱中 30～32℃ 培养 3d，至斜面长满黑色孢子，4℃ 冷藏备用。

挑取少许活化的黑曲霉菌种于无菌液体种子培养基中，28℃ 恒温摇床培养，直至形成均匀菌球，4℃ 冷藏备用。

2. 红薯粉糖化

配制 1L 培养基：称取红薯粉 60～70g 过 20 目筛后，用蒸馏水定容至 1000mL 配制为 5% 的红薯粉乳，调节 pH 值为 6.0，加入液化酶（按 10U/g 原料加入 α-高温淀粉酶），剧烈搅拌后，加热至 90℃，保持 15min，冷却后用 0.1% 碘液检测，不显蓝色即为糖化完全。然后取过滤清液 50mL 分别装入 250mL 锥形瓶中灭菌备用。

3. 发酵

无菌条件下，吸取扩大后的菌球接种至红薯粉糖化后的发酵液中，摇床上 30～32℃ 下培养 3d。

4. 计算柠檬酸产量

将发酵后的发酵液过滤，准确吸取 5mL 过滤后的发酵液于 50mL 锥形瓶中，加入 2 滴酚酞指示剂后摇匀，用浓度为 0.1429mol/L 的 NaOH 溶液滴定，至溶液刚好变色，且 30s 红色不褪去。记下消耗的 NaOH 溶液的体积，重复进行 3 次试验，取平均值。用下式计算柠檬酸的产量。

$$n = \frac{c \times V}{1000 \times 3 \times M}$$

式中，n 为柠檬酸产量，g/L；c 为 NaOH 溶液的浓度，mol/L；M 为柠檬酸的分子量，g/mol；V 为消耗氢氧化钠溶液的体积，mL；1000 为体积换算倍数，3 表示滴定时 1 分子柠檬酸消耗 3 分子 NaOH。

五、注意事项及安全警示

1. 灭菌时注意排除消毒锅内空气，待排气孔无冷凝水滴下即可认为空气排净。

2. 进行下一步操作前应用显微镜检测菌球的生长状况，若菌丝细长则说明黑曲霉已经提前进入柠檬酸发酵时期，会导致后期的柠檬酸产量降低。

3. 黑曲霉菌种液体扩大培养时，形成的菌球不宜过大，否则后期发酵菌种分布不均。

六、实验结果分析

1. 记录发酵液的总体积，以及滴定时所消耗的 NaOH 溶液的体积，并计算柠檬酸产量。

2. 分析糖化过程对柠檬酸产量的影响。

七、问题和思考

1. 用碘液检测淀粉糖化完全的机理是什么？

2. 黑曲霉发酵过程中，发酵时间、培养基红薯粉含量、pH 值和摇床转速会影响黑曲霉发酵吗？为什么？

3. 请自行设计一个关于黑曲霉发酵条件的单因素试验，并根据单因素试验设计正交实验，从而优化黑曲霉发酵生产柠檬酸的发酵实验条件。

4. 如果本实验将培养基质红薯粉更换为其他碳源材料，会有什么现象或结果？

实验二　利用玉米粉产柠檬酸过程中黑曲霉的筛选

一、实验目的和内容

1. 熟练掌握真菌发酵的接种、培养与实验室菌种种子生产方法。
2. 掌握黑曲霉培养过程中培养基基质的变化与产物的形成情况。

二、实验原理

黑曲霉（*Aspergillus niger*）属丝状真菌，是重要的食品和工业微生物。具有丰富酶系，如淀粉酶、纤维素酶、酸性蛋白酶、葡萄糖氧化酶等，发酵效率高，能发酵为各类有机酸（柠檬酸、葡萄糖酸）。

柠檬酸是一种极为重要的有机酸，发酵菌株主要以黑曲霉为主，菌株的产酸能力是影响柠檬酸发酵生产的关键因素。利用紫外线诱变所分离霉菌，曲霉孢子悬液经紫外线处理后分离培养，以透明圈与菌落直径比例大的菌株作为下一步诱变的出发菌株。再利用硫酸二乙酯（DES）进行进一步诱变，经初筛、复筛选出产酸稳定、产率较高的菌株。

三、实验材料和用具

1. 材料与化学试剂

（1）材料　玉米粉。

（2）化学试剂　葡萄糖、亚硝酸钠、碘、α-高温淀粉酶（50000U/mL）、DES。

（3）培养基

① 察氏琼脂斜面培养基　硝酸钠 3g、磷酸氢二钾 1g、硫酸镁 0.5g、氯化钾 0.5g、硫酸亚铁 0.01g、蔗糖 30g、琼脂 20g、蒸馏水 1000mL。

② 分离筛选培养基　察氏培养基中加入少许溴甲酚绿指示剂和质量分数 2% 的玉米粉水解液。

③ 摇瓶培养基　玉米粉加入适量水，加热至 85℃，加入高温的 α-淀粉

酶 5U/g（玉米粉），保温 30min，碘液不变色后，继续加热至 100℃ 煮沸 5min，纱布过滤，调整至合适的糖度和蛋白浓度。

④ DES 溶液　1mLDES 溶解于 10mL 无水乙醇中。

2. 仪器设备

超净工作台、恒温培养箱、培养皿等。

四、实验步骤

1. 土壤中黑曲霉的分离纯化

（1）土壤中黑曲霉的分离　采集表层以下 5～10cm 土壤 1.0g，迅速倒入装有玻璃珠的 100mL 无菌水锥形瓶中，然后梯度稀释至 10^{-3}、10^{-4}、10^{-5}、10^{-6}、10^{-7} 倍。分别吸取对应稀释倍数下的稀释液涂布至分离筛选培养基上，然后倒置于恒温培养箱内 30℃ 培养 3～4d 后，挑选出黑曲霉疑似菌株。

（2）黑曲霉的纯化

① 平板划线　挑取黑曲霉疑似菌株在分离筛选培养基平板上连续划线，倒置培养皿于 30℃ 培养 24h。

② 菌落形态观察　挑取单个菌落的菌苔少许，涂布在载玻片上进行显微镜个体形态观察，结合菌落形态特征进行分离纯化，直到获得纯培养。

2. 制备孢子悬液

接种黑曲霉至琼脂斜面培养基上，23～28℃ 培养 5～7d，用含 0.05%（体积分数）聚山梨醇 80 的灭菌蒸馏水稀释后分装于灭菌的菌种冻存管（1mL/管）中。

3. 孢子悬液的紫外诱变

用 15W 紫外线灯距离 30cm 照射孢子悬液 30min 后，将菌液进行梯度稀释，选择合适的梯度涂布至分离筛选培养基中，30～32℃ 培养 3～4d，观察菌落的形态特征，选取变色圈大的菌落为备用菌株。

将紫外线照射后变色圈大的菌株，制备成孢子悬液。加入 1%DES 溶液 30～32℃ 恒温振荡 30min，取 1mL 处理液加入 0.5mL 25% 的 $Na_2S_2O_3$ 溶液中止反应，处理后的孢子液经稀释后涂布于分离筛选培养基中。选定透明圈与菌落直径比例大的菌株作为下一步诱变的出发菌株。再利用 DES 进行进一步诱变，然后初筛、复筛。

4. 摇瓶发酵

将诱变复筛后的菌株，制备为 10^5 cfu/mL 的孢子悬液，无菌操作下吸取 1mL 的孢子悬液至已过滤的摇瓶培养基，摇床上 30～32℃下培养 3d。

5. 产酸率和纯度的测定

（1）产酸率测定　取发酵滤液 1mL，酚酞为指示剂，用 0.1429mol/L 标准溶液滴定，至溶液刚好变色，且 30s 内颜色不褪去。记下消耗的 NaOH 溶液的体积，重复 3 次，取平均值，求得产酸率。

（2）纸色谱法测定柠檬酸纯度　展开剂 $V_{正丁醇}$：$V_{乙酸}$：$V_{水}$＝120：30：50，温度为（25±1）℃，上行 2～3h，显色剂为 0.04% 溴酚蓝溶液，点样用 10μL，色谱纸为新华一号滤纸，标准液使用 0.2mol/L $C_6H_8O_7$ 和 0.2mol/L $H_2C_2O_4$。

五、注意事项及安全警示

紫外诱变过程，注意防止紫外线灼伤。

六、 实验结果分析

1. 观察孢子紫外诱变变色圈的情况。
2. 计算产酸率。
3. 观察并记录纸色谱分离现象。

七、问题和思考

1. 诱变的目的是什么？
2. 如何确定最佳的诱变时间？
3. 产酸测定中酚酞指示剂的原理是什么？

实验三 蛋白酶产生菌的筛选

一、实验目的和内容

1.掌握三种常用的蛋白酶产生菌的筛选方法。

2.掌握蛋白酶活力复测的基本方法。

二、实验原理

蛋白酶是催化肽键水解的一类酶，广泛存在于动物、植物和微生物中。蛋白酶种类的多样性和水解活性的专一性，使其在洗涤剂、食品和皮革等领域应用较为广泛。

在固体培养基中渗入可被特定菌利用的营养成分，如可溶性淀粉、奶粉或纤维素等，可制成浑浊、不透明的培养基背景。接种培养一定时间后，有些菌落周围就会形成水解圈，其大小与菌落利用此物质的能力大小有关，从而达到简便、高效筛选的目的。例如在脱脂奶粉培养基中可根据水解圈的有无和大小来初步筛选产蛋白酶的菌株。为了获得较好的实验结果，通常采用双层平板培养基进行水解圈观察实验。该方法的优点主要有：加入底层培养基可弥补培养皿底部不平的缺陷，可使所有的水解圈都位于近乎同一平面上，大小一致、边缘清晰且无重叠现象；因上层培养基中琼脂含量减半，可形成形态较大、特征较明显的水解圈以便观察和测量。

三、实验材料和用具

1.材料与化学试剂

（1）材料　市售腐乳。

（2）培养基　马铃薯葡萄糖培养基（PDA培养基）或牛肉膏蛋白胨培养基、筛选培养基（脱脂奶粉1.5%、琼脂1.0%，pH 6.0，灭菌备用）。

2.仪器设备

培养皿、试管、无菌水、接种环、无菌移液管、无菌玻璃涂布棒、振荡器、恒温培养箱、超净工作台、显微镜等。

四、实验步骤

1. 三种蛋白酶产生菌的筛选方法

（1）牛奶培养基分离法

① 制备牛奶培养基　将事先单独灭菌的 1.5% 的脱脂牛奶与已经灭菌融化冷却至 45℃ 左右的肉汤蛋白胨培养基混合。

② 制备土样样液　采集土壤样品，用无菌水进行梯度稀释，然后取 0.1mL 至无菌试管中，涂布至牛奶平板上，37℃ 培养 30h 左右观察。

③ 观察产蛋白酶菌株　观察牛奶培养基平板上的菌落总体情况和产生透明水解圈的情况，选择水解圈最大的菌株，分别测量、记录菌落和透明圈的直径。

（2）玉米粉和豆粉培养基筛选法

① 制备培养基

a. 牛肉膏蛋白胨培养基　牛肉膏 0.3g，蛋白胨 1g，NaCl 0.5g，琼脂 2.0g，水 100mL，pH 7.4～7.6。

b. 酪蛋白培养基　牛肉膏 0.3g，酪素 1g，NaCl 0.5g，琼脂 2.0g，水 100mL。

c. 产蛋白酶发酵培养基　玉米粉 6g，豆粉 4g，磷酸二氢钾 0.03g，碳酸钠 0.1g，磷酸氢二钠 0.4g，水 100mL（0.1MPa 灭菌 20min）。

② 制备土样样液　采集土壤样品，用无菌水稀释制备为 1：10 悬液，然后取悬液 5mL 至无菌试管中，75℃ 恒温水浴热处理 10min，以杀死非芽孢细菌。

③ 涂布　将热处理过的土壤悬液 100μL，涂布接种至牛肉膏蛋白胨基平板上，30～32℃ 培养 24～48h。对长出的菌落编号，选择表面干燥、粗糙、不透明的菌落，进行涂片，做芽孢染色，判断是否为芽孢杆菌。

④ 筛选　将单个菌落进行芽孢筛选实验，挑取少量的判定为芽孢杆菌的菌苔接种于酪蛋白培养基中，30～32℃ 倒置培养 24～48h。选择水解圈直径与菌落直径比值大的菌，接入产蛋白酶发酵培养基，30～32℃ 振荡培养 48h，将发酵液离心，取清液检测蛋白活力进行复筛。

（3）腐乳筛选法

① 制备腐乳菌悬液　称取 10g 腐乳至 250mL 锥形瓶中，加入 90mL 无菌水和适量玻璃珠，振荡 15min，充分混匀。于超净工作台内用无菌移液管取 1mL 上述菌悬液加入盛有 9mL 无菌水的试管中充分混匀，制备成 10^{-2} 稀释倍数的菌悬液。然后采用同样操作方式，从上述试管中取 1mL 加至另一个盛有 9mL 无菌水的试管中，混合均匀，制备成 10^{-3} 稀释倍数的菌悬液。以此类推制备 10^{-4}、10^{-5}、10^{-6} 不同稀释倍数的菌悬液备用。

② 双层平板的制备　将事先配置并经灭菌处理的筛选培养基和 PDA 培养基加热融化。于超净工作台内先用 PDA 培养基在培养皿上倒一层培养基，待凝固后，倒入筛选培养基。一般下层 PDA 培养基倒入 15mL，上层筛选培养基倒入 10mL。

③ 涂布　用无菌移液管分别由 10^{-3}、10^{-4}、10^{-5}、10^{-6} 四管稀释液中各取 0.1mL 加入平板中，用无菌玻璃涂布棒涂布均匀，静置 30min，使菌液吸附进培养基。在每个平板底部用记号笔做好标记以便区分，3 次重复。

④ 蛋白酶产生菌的分离　将筛选培养基平板倒置于 28℃恒温培养箱中培养 2~3d，观察水解圈的有无与大小。从水解圈直径与菌落直径的比值较大的菌落上，分别挑取少许细胞接种到 PDA 培养基的斜面上，并进行编号。待斜面上长出菌苔后，镜检确定是否为单一微生物。若发现有杂菌，需采用平板划线法进行菌株纯化分离，直到获得纯培养。

2.蛋白酶活力的复测

（1）标准母液的制备　20g/L 酪蛋白：称取 2g 干酪素，用少量 0.5mol/L NaOH 润湿后，加入适量的 pH 11 的硼砂-NaOH 缓冲液，加热溶解，定容至 100mL，4℃保存，使用周期不超过 7d。

（2）酶活标准曲线的绘制　用酪氨酸配制 $0 \sim 100 \mu g/mL$ 的标液，将不同浓度的标液 1mL 与 5mL 0.4mol/L Na_2CO_3、1mL 的福林酚试剂混合，40℃水浴中显色 30min，680nm 测定其吸光光度值并绘制曲线，求出光密度为 1 时相当的酪氨酸质量（μg）。

五、注意事项及安全警示

1.玉米粉、豆粉不溶于水，配制过程中先加热煮沸，并不断用玻璃棒搅拌，一方面是防止底部黏住，另一方面保证培养基的均匀性。

2.对脱脂牛奶进行灭菌的时候，应注意控制好灭菌的压力（即温度）和时间，压力过高或时间过长都会使牛奶颜色变黄变深，压力不够也会使牛奶灭菌不彻底，甚至全部失败。

六、实验结果分析

1.绘制蛋白水解圈的直径统计表格。
2.绘制发酵液中的酶活力曲线。

七、问题和思考

1.在选择平板上分离获得蛋白酶产生菌的比例如何？试结合采样地点进行分析。
2.选择平板上形成的蛋白透明水解圈的大小为什么不能作为判断菌株产蛋白酶能力的直接依据？试结合初筛和复筛的结果分析。

参考文献

[1] 徐艳. 黑曲霉利用红薯粉生产柠檬酸的发酵条件研究[J]. 中国酿造，2017，36（04）：127-130.

[2] 管斌. 发酵实验技术与方案[M]. 北京：化学工业出版社，2010：78-79.

[3] 常春，王娟，马晓建，等. 利用玉米粉产柠檬酸黑曲霉的筛选[J]. 郑州轻工业学院学报，2005(01)：47-49.

[4] 石忆湘，刘祖同. 黑曲霉发酵玉米淀粉生产柠檬酸[J]. 清华大学学报（自然科学版），1998(06)：52-55.

[5] 武玉娟，曹新志，王柱. 腐乳产蛋白酶菌种的筛选[J]. 农产品加工（学刊），2007(11)：84-86.

[6] 沈萍，陈向东. 微生物学实验[M]. 5版. 北京：高等教育出版社，2018：213-217.

·第六章·
环境微生物资源开发利用实验

　　由于微生物是一类物种非常丰富的生物资源和基因资源，其生长繁殖速度很快，环境中微生物资源开发利用的核心在于其产生的生物活性物质。目前，微生物活性物质绝大多数来源于普通环境中的微生物。如有絮凝作用的微生物可以从土壤、活性污泥、渗滤液、河水、海水、海洋沉积物等筛选；微生物能将酚类物质转化或降解成其他无害物质，其成本较低并且具有将其完全矿化的可能性；纤维素是生物圈中丰富但未被充分利用的资源，可以利用微生物借助多酶系统将其水解；微生物产生的漆酶能降解木质素，可与有毒的酚类物质作用，还可降解苯氧基类除草剂及去除石油工业废水的毒性。

　　本章包括微生物絮凝剂产生菌的筛选及在污水处理中的应用、酚降解菌的分离筛选和降解能力的测定、纤维素降解菌的初步分离筛选及其对水稻秸秆的降解、木质素降解菌的初步筛选与鉴定等实验项目。

科普知识

　　微生物絮凝剂由 Louis Pasteur 于 1876 年首先报道。微生物絮凝剂是由微生物自身或其代谢产物形成的具有高絮凝活性的天然高分子物质，其化学组成多数情况下为多糖，故常具有较好的热稳定性；少数由蛋白质、纤维素、核糖等物质构成。目前已发现的可产生絮凝剂的微生物种类较多，涉及细菌、真菌类微生物。

实验一 微生物絮凝剂产生菌的筛选及在污水处理中的应用

一、实验目的和内容

1. 了解微生物絮凝剂及其应用范围。
2. 掌握微生物絮凝剂产生菌的分离方法。
3. 掌握絮凝剂产生菌生长量与絮凝活性的测定方法。

二、实验原理

微生物絮凝剂是利用生物技术，通过微生物发酵、分离提取而得到的一种新型、高效、价廉的新型水处理絮凝剂，是一类由微生物代谢活动产生的具有絮凝活性的次生代谢产物。微生物絮凝剂一般可以分为三类：第一类是微生物细胞壁提取物的絮凝剂，如褐藻酸、葡聚糖、蛋白质、N-乙酰葡萄糖胺等；第二类是微生物细胞代谢产物的絮凝剂，如多肽、蛋白质、脂类等；第三类是微生物细胞的絮凝剂，如某些细菌、霉菌存在于土壤、活性污泥和沉淀物中。

其絮凝机理，一种观点是认为微生物絮凝剂具有带相反电荷特性，与水体负电荷胶体接触时，发生电荷中和作用而形成了能在重力作用下沉降的絮凝体；另一种观点是认为絮凝剂因含有羧基、羟基、氨基等活性基团的作用，与水体中的胶体和悬浮物类物质形成架桥，从而被吸附沉降下来；此外还有化学机理和卷扫机理的观点等。

三、实验材料和用具

1. 材料与化学试剂

（1）牛肉膏蛋白胨培养基 牛肉膏 3g，蛋白胨 10g，氯化钠 5g，水 1000mL，pH 7.2～7.4。

（2）PDA 培养基 马铃薯 200g，葡萄糖 20g，水 1000mL，pH 7.0～7.2（说明：固体培养基需加入琼脂 15～20g）。

（3）细菌分离培养基　　尿素 0.5g，酵母膏 5.0g，蔗糖 20g，K_2HPO_4 5.0g，KH_2PO_4 2.0g，$MgSO_4$ 2.0g，NaCl 10g，琼脂 15g，水 1000mL，pH 7.0～7.2。

（4）标准发酵培养基　　葡萄糖 20g，酵母粉 5.0g，牛肉膏 2.0g，K_2HPO_4 5.0，KH_2PO_4 2.0g，$MgSO_4$ 2.0g，NaCl 10g，水 1000mL。

2.仪器设备

培养皿、锥形瓶、烧杯、酒精灯、玻璃棒、接种环、涂布器、电炉、恒温振荡培养箱、傅里叶红外光谱仪、恒温培养箱、便携式 pH 测定仪、高压蒸汽灭菌锅、电子秤、超净工作台。

四、实验步骤

1.初筛

取 2g 污泥和 2mL 污水样品，分别加入到 98mL 牛肉膏蛋白胨液体培养基和 PDA 液体培养基中，分别于 37℃、150r/min 和 30℃、150r/min 摇床振荡富集培养 24h。取富集培养液，用无菌水适当稀释后，取 0.1mL 分别涂布于细菌分离培养基（37℃）、PDA 固体培养基（30℃）上分离培养 48h。观察菌落形态，挑选表面光滑且大、带黏性的菌落，随后采用平板划线法进行分离纯化，于 4℃冰箱保存备用。

2.复筛

将初筛得到的菌株接入到 100mL 标准发酵培养基中，分别于相对应的筛选温度下，150r/min 摇床振荡培养 72h 后取菌液。

3.絮凝率的测定

取 100mL 污水，加入 2mL 1% $CaCl_2$ 作为助凝剂，再加入 1mL 发酵菌液，常温条件下，100r/min 振荡 10min，静置 30min，取上清液，使用分光光度计测定波长 680nm 处的吸光度 OD_{680}。絮凝率计算公式如下：

$$絮凝率(\%) = [(B-A)/B] \times 100\%$$

式中，A 为添加发酵液后污水在 680nm 处的吸光度；B 为原污水在 680nm 处的吸光度。

4.絮凝活性与菌体生长量的关系

将不同量的菌种接种到标准发酵培养基中，于 37℃、150r/min 恒温振荡培养。每6h取样，以未接菌种的培养基为对照，以菌体悬液的吸光度值（OD_{600}）表示相对生长量，同时测定发酵液对污水的絮凝率。以菌体吸光度值 OD_{600} 及发酵液对污水的絮凝率为纵坐标，以时间为横坐标进行生长曲线及絮凝曲线的绘制，以判断絮凝活性和与菌体生长量的关系。

五、注意事项及安全警示

1.接触菌种前后一定要将手部灭菌。

2.使用超净工作台时一定要关闭紫外线灯；高压蒸汽灭菌前一定要检查盖子的密封性。

六、实验结果分析

1.发酵菌添加量对絮凝率的影响（表6-1）

表6-1 不同发酵菌添加量测得的絮凝率

发酵菌添加量 /mL	原污水在680nm处吸光度	添加发酵液后污水在680nm处吸光度	絮凝率 /%
0.1			
0.5			
1			
2			
3			

2.菌株的生长曲线与絮凝曲线数据（表6-2）

表6-2 生长曲线与絮凝曲线数据记录表

取样时间/h	菌体相对生长量 OD_{600}	发酵液对污水的絮凝率/%
6		
12		
18		
24		
...		

七、问题和思考

1.为什么富集时用的是 PDA 液体培养基，而分离时用的是 PDA 固体培养基？

2.测定絮凝活性与菌体生长量的关系时，为什么要每 6h 取一次样？

3.怎样对菌株的形态进行观察？

实验二 酚降解菌的分离筛选和降解能力的测定

一、实验目的和内容

1. 理解并掌握酚降解菌的分离筛选方法。
2. 学习酚降解菌对苯酚降解能力的测定方法。

二、实验原理

酚类物质是有机合成中的基础原料，广泛用于制药、塑料和涂料等相关领域，其物质本身和其衍生物是许多物质的组成成分。微生物内含特殊酶系，可对酚类物质进行降解且不造成二次污染。目前能够利用酚类化合物的微生物，报道较多的属农杆菌属（*Agrobacterium*）、伯克霍尔德氏菌属（*Burkholderia*）、不动杆菌属（*Acinetobacter*）、假单胞菌属（*Pseudomonas*）、芽孢杆菌属（*Bacillus*）、克雷伯氏菌属（*Klebsiella*）、苍白杆菌属（*Ochrobactrum*）和红环菌属（*Rhodocyclus*）。

微生物降解酚类物质主要是通过邻苯二酚-2,3-加氧酶途径和邻苯二酚-1,2-加氧酶途径进行。本实验采用4-氨基安替比林分光光度法测定苯酚浓度，其原理为：在 pH 10.0±0.2 介质中，在铁氰化钾存在时，酚类化合物会与4-氨基安替比林发生反应，生成橙红色的吲哚酚安替比林染料，该物质的水溶液在 510nm 处有最大吸收峰。

三、实验材料和用具

1. 材料与化学试剂

（1）化学试剂

① 苯酚标准液 精确称取 0.10g 无色苯酚溶于蒸馏水中，移入 1L 容量瓶中，稀释至标线，并贮存于棕色瓶中。置冰箱内 4℃保存，可保存一个月。

② 20%氨-氯化铵缓冲溶液 称取 20.0g 氯化铵溶于 100mL 浓氨水中，

用浓氨水定容至 100mL，调节此缓冲液 pH 为 9.8，贮存于具橡皮塞的瓶中，置冰箱内 4℃保存，可保存 7d。

③ 2％ 4-氨基安替比林溶液　精确称取 4-氨基安替比林 2.0g 溶于蒸馏水中，并用蒸馏水定容至 100mL。贮存于棕色瓶中，冰箱内 4℃保存，可保存 7d。

④ 8％铁氰化钾溶液　精确称取 8.0g 铁氰化钾溶于蒸馏水中，并定容至 100mL。现用现配。

⑤ 其他试剂　结晶紫染液、鲁哥氏碘液、95％乙醇、番红染液（用于革兰氏染色）、1％盐酸二甲基对苯撑二胺（用于接触酶检测）、3％H_2O_2（用于过氧化氢酶检测）、无菌水。

(2) 培养基

① 富集培养基　葡萄糖 5.0g，蛋白胨 5.0g，NaCl 5.0g，牛肉膏 3.0g，酚浓度为 100ng/L，pH 约 8.0，蒸馏水 1L。

② 筛选基础培养基　NH_4Cl 10.0g，NH_4NO 14.0g，$K_2HPO_4 \cdot 3H_2O$ 0.2g，KH_2PO_4 0.8g，$MgSO_4 \cdot 7H_2O$ 0.2g，添加 0.1％的酚作为唯一碳源与能源物质，蒸馏水 1L。

③ 降解用无机盐培养基　NaCl 1.0g，$KH_2PO_4 \cdot 3H_2O$ 1.0g，$MgSO_4 \cdot 7H_2O$ 0.4g，NH_4Cl 0.5g，0.1％的酚作为唯一碳源，蒸馏水 1L。

2. 仪器设备

玻璃珠、玻璃棒、锥形瓶、培养皿、刻度管、试管、烧杯、恒温培养箱、高压蒸汽灭菌锅、光学显微镜、超净工作台、扫描电子显微镜、无菌离心管、紫外分光光度计、摇床。

四、实验步骤

1. 样品采集

采集含酚废水或污泥等样品于无菌离心管或采集袋中，4℃以下运回实验室。

2. 富集培养

将采集到的样品取 5g 或 5mL，添加至装有数粒小玻璃珠的 45mL 含酚浓度为100mg/L的富集培养基，于150r/min、30℃振荡培养，富集24～72h。

3. 分离纯化

用无菌水依次按照10^{-1}、10^{-2}、10^{-3}、10^{-4}、10^{-5}、10^{-6}倍数梯度稀释富集后的菌液，取每个稀释度的稀释液0.1～0.2mL涂布于筛选培养基琼脂平板上，倒置放于30℃的恒温培养箱中培养2～7d，挑取单菌落进行平板划线，分离纯化2～3次直至得到纯化菌株（每个稀释度做3个重复）。

4. 菌种的保存

将纯化后的单一菌株部分接种至筛选培养基斜面上，4℃保存。

5. 菌株降解酚能力测定

(1) 标准曲线的绘制　利用4-氨基安替比林分光光度法测定苯酚的含量。取一组8支50mL刻度管，分别加入0mL、0.5mL、1.0mL、3.0mL、5.0mL、7.0mL、10.0mL与12.5mL的酚标准液，加水定容至刻度线。加0.5mL缓冲液，混匀，此时pH为10±0.2。加入4-氨基安替比林溶液1.0mL，混匀。再加入1.0mL铁氰化钾溶液，充分混匀。静置10min后，立即于510nm波长处，以水为参比，测定其吸光度。最后绘制吸光度与苯酚浓度关系的标准曲线。

(2) 培养液中苯酚浓度的测定　将分离得到的能够降解酚的菌分别接种到苯酚浓度为500mg/L的无机盐培养液中，分别取0h、24h、48h与96h培养液2mL，以8000r/min离心10min，取上清液5mL置于50mL的刻度管中，测定培养液510nm波长处苯酚的吸光度。根据苯酚标准曲线得出相应的苯酚浓度，最后分析数据，判断各个菌株降解苯酚能力的大小。

(3) 菌株对苯酚的降解率计算　计算公式如下：

$$苯酚降解率(\%)=[(C_0-C_1)/C_0]\times100\%$$

式中，C_0为苯酚起始浓度，mg/L；C_1为培养后苯酚终止浓度，mg/L。

五、注意事项及安全警示

1. 氯化铵缓冲溶液的配制一定要用浓氨水。

2.苯酚具有毒性，配制试剂过程中一定要做好个人安全防护。

六、实验结果分析

1.绘制标准曲线。
2.绘制取样时间-苯酚降解率曲线。

七、问题和思考

请自行设计实验方案，探究单菌株和组合菌株对苯酚降解率的影响差异。

实验三　纤维素降解菌的初步分离筛选及其对水稻秸秆的降解

一、实验目的和内容

1. 理解并掌握纤维素降解菌的初步分离筛选方法。
2. 学习纤维素降解菌秸秆降解率的测定方法。

二、实验原理

纤维素是植物细胞壁的组成成分。作物秸秆因含纤维素、半纤维素、木质素等成分降解率较低。利用微生物降解秸秆中的纤维素，具有处理方式温和、低能耗、对环境无二次污染等优点。微生物对纤维素的降解主要依靠微生物自身产生的纤维素酶的作用，因此通常以微生物降解酶的活性判断秸秆被降解的程度。向接种了单菌落的羧甲基纤维素钠培养基中加入适量刚果红染液，染色1h，弃掉染液，用适量的NaCl溶液洗涤1h。观察菌落周围水解圈，通过有无水解圈判断是否为纤维素降解菌，并根据培养基平板水解圈（透明圈）直径（D）和菌落直径（d）的大小，筛选出降解纤维素效果较好的菌株。

三、实验材料和用具

1. 材料与化学试剂

（1）CMC（羧甲基纤维素）培养基　CMC-Na 10.0g，KH₂PO₄ 0.25g，土豆汁 100mL，琼脂粉 18.0g，蒸馏水 1000mL。

（2）PDA 培养基　马铃薯 200g，葡萄糖 20.0g，琼脂粉 18.0g，蒸馏水 1000mL。

（3）刚果红培养基　CMC-Na 2.0g，KH₂PO₄ 0.5g，MgSO₄·7H₂O 0.25g，（NH₄）₂SO₄ 1.0g，刚果红 0.1g，琼脂粉 18.0g，蒸馏水 1000mL。

（4）复筛培养基　CMC-Na 5.0g，KH₂PO₄ 1.0g，MgSO₄·7H₂O 0.5g，NaNO₃ 3.0g，KCl 0.5g，FeCl₃·6H₂O 0.01g，蒸馏水 1000mL。

（5）水稻秸秆液体培养基　CMC-Na 10.0g，KH_2PO_4 1.0g，$MgSO_4 \cdot 7H_2O$ 0.5g，NaCl 0.5g，蛋白胨 2.0g，酵母膏 0.5g，蒸馏水 1000mL，水稻秸秆 0.5g/瓶。

2.仪器设备

培养皿、锥形瓶、烧杯、酒精灯、玻璃棒、接种环、涂布器、电炉、恒温振荡培养箱、恒温培养箱、高压蒸汽灭菌锅、电子秤、超净工作台。

四、实验步骤

1.菌株分离

将土壤样品用无菌水梯度稀释制成 $10^{-2} \sim 10^{-7}$ 倍悬液，接种至分离培养基上涂布，28℃培养 3～5d，将单个菌落在 PDA 培养基中再次进行 2～3 次分离纯化，于冰箱 4℃保藏。

2.菌株的初筛

将分离纯化后的真菌制成孢子悬液涂布于 PDA 上，28℃培养 2～3d。待菌落均匀生长于培养基表面时，无菌操作下用 5mm 打孔器制成菌饼接种于刚果红培养基上，28℃培养 3～5d，观察菌饼周围透明水解圈的情况，并测量水解圈直径。

3.秸秆崩解实验

称取 0.5g 剪成宽 0.5cm、长 3.0cm 的小条状的秸秆〔用秸秆替代复筛培养基中的碳源（CMC-Na）〕，吸取 10% 接种量的菌液接种于 45mL 复筛液体培养基的锥形瓶中，28℃、120r/min 条件下恒温振荡培养，定期观察秸秆的崩解情况。

4.秸秆降解率的测定

先将秸秆粉碎过 40 目筛，再称取过筛后的粉末 2.0g 装入锥形瓶中，按照复筛液体培养基比例制备液体培养基，其中用秸秆粉末替代复筛培养基中的碳源（CMC-Na）；将产水解圈直径最大的菌株接种至含有秸秆粉末的复筛液体培养基的锥形瓶中，28℃、120r/min 振荡培养 25d 后，将培养物 5000r/min 离心 10min，弃上清液，用蒸馏水反复清洗 3～5 次，于 80℃烘干至恒重，计算失重率。以 10mL 蒸馏水为对照。

五、注意事项及安全警示

1.配置的培养基要均匀、平整。

2.若接种人员手部有伤口，接菌种过程中，要做好个人防护工作，避免微生物感染。

六、实验结果分析

1.记录不同培养时间下水解圈直径变化情况。

2.计算秸秆降解率。

七、问题和思考

1.除了利用刚果红平板培养法筛选菌株，还有哪些常用的筛选菌株的方法？

2.刚果红培养基上产生的水解圈与 CMC 酶活力之间存在什么关系？能定性判断某菌株是否具有 CMC 降解能力吗？

实验四　木质素降解菌的初步筛选与鉴定

一、实验目的和内容

1. 理解并掌握木质素降解菌的初步筛选方法。
2. 学习木质素降解菌的鉴定方法。

二、实验原理

木质素是大量存在于高等植物中的有机高分子化合物，其结构复杂，降解困难，会对环境造成严重污染。微生物对木质素的完全降解起着至关重要的作用，其中真菌对木质素的降解主要是依靠菌体本身所产生的酶系物质，如漆酶、木质素过氧化物酶、锰过氧化物酶等。

微生物对木质素的降解能力则可通过微生物能使愈创木酚的平板产生变色反应来判断。当变色圈在菌丝圈的外圈形成时，该菌株能够降解木质素。

三、实验材料和用具

1. 材料与化学试剂

（1）马铃薯葡萄糖琼脂培养基　去皮马铃薯 200g，葡萄糖 20g/L，KH_2PO_4 3g/L，$MgSO_4 \cdot 7H_2O$ 1.5g/L，琼脂 20g/L，微量维生素 B_1，加蒸馏水配成 1000mL，自然 pH，120℃灭菌 20min。

（2）PDA-愈创木酚培养基　马铃薯 20%，葡萄糖 2%，琼脂 2%，KH_2PO_4 0.3%，$MgSO_4 \cdot 7H_2O$ 0.15%，灭菌后添加愈创木酚 0.04%。

（3）PDA-苯胺蓝培养基　在 PDA 基础培养基中加入苯胺蓝（0.1g/L）。

2. 仪器设备

培养皿、锥形瓶、烧杯、酒精灯、玻璃棒、电炉、接种环、涂布器、恒温振荡培养箱、恒温培养箱、高压蒸汽灭菌锅、电子秤、超净工作台。

四、实验步骤

1.样品采集

采集一定量的腐叶土装入无菌样品袋中备用。

2.木质素降解菌筛选

（1）样品梯度稀释　将采集的样品捣碎后，称取 5g 至 50mL 无菌水的锥形瓶中，28℃、120r/min 条件下恒温培养 1h。取上清液 1.0mL 稀释成 $10^{-2}\sim10^{-7}$ 倍悬液。

（2）菌株的分离与纯化　吸取 0.1mL 悬液至 PDA 培养基中均匀涂布，28℃下培养 5～7d。挑取单个的菌落接种于愈创木酚培养基平板上，28℃下培养 5～7d，将平板上生长并产生变色圈的菌株反复划线，直至获得纯菌株。然后将纯菌株转接至 PDA 平板上，28℃下培养 7d 后，用无菌打孔器在平板上制造出直径 10mm、厚约 2mm 的菌饼，备用。

（3）PDA-愈创木酚平板显色试验　将菌饼接种于 PDA-愈创木酚培养基平板上后，28℃下培养 5d，每天记录有无红棕色变色圈的产生及变色圈直径的大小，有红棕色圈者记为"＋"，反之记为"－"。根据变色圈所产生的时间及变色圈的直径大小，筛选出产漆酶较多的菌株。

（4）PDA-苯胺蓝平板褪色试验　将菌饼接种于 PDA-苯胺蓝培养基平板上，28℃下避光培养 10d，记录蓝色培养基中有无褪色圈的产生及褪色圈直径的大小，有褪色圈者记为"＋"，反之记为"－"。根据褪色圈产生的时间及褪色圈的直径大小，筛选出产锰过氧化物酶以及木质素过氧化物酶较多的菌株。

3.菌株形态学鉴定

将复筛得到的菌株利用载片法，于 28℃恒温箱中培养 3d 后，在光学显微镜下观察菌体形态。

五、注意事项及安全警示

接种过的废弃培养基要消毒、灭菌后方可丢弃。

六、实验结果分析

自行设计表格归纳实验结果并做好实验结果分析。

七、问题和思考

1.真菌对木质素的降解机理是什么？
2.木质素降解酶酶活的测定方法有哪些？

参考文献

[1] 张鲁新，鲁陈，李吕木，等.产絮凝剂菌种的筛选及其在猪场污水净化中的应用[J].农业工程学报，2017，33(20)：250-256.

[2] 梁海恬，何宗均，高贤彪，等.农村污水处理用高效絮凝菌株的筛选与鉴定[J].天津农业科学，2015，21(12)：24-28.

[3] 刘皓月.微生物絮凝对二级出水深度处理特性的研究[D].西安：西安建筑科技大学，2016.

[4] 程艳茹，龚继文，封丽，等.水处理中微生物絮凝剂产生菌的选育及应用[J].环境监测管理与技术，2019，31(02)：6-10，46.

[5] 王薇.产絮菌合成生物絮凝剂特性及絮凝成分解析[D].哈尔滨：哈尔滨工业大学，2009.

[6] 李鲜珠，沈玉冰，马溪平，等.苯酚降解菌筛选及降解特性研究[J].水资源保护，2015，31(03)：22-26.

[7] 贾佳，薛婷，王育科，等.4-氨基安替比林分光光度法测定土壤中的挥发酚[J].安徽农学通报，2014，20(23)：19-20.

[8] 张冬雪，文亚雄，罗志威，等.纤维素降解菌的分离筛选及其对水稻秸秆的降解效果分析[J].江西农业学报，2020，32(01)：72-76.

[9] 韩珍珍.猪尸体堆肥中高温纤维素降解菌的筛选[D].武汉：华中农业大学，2020.

[10] 乔健敏，郑重，岳林芳，等.湿地土壤中纤维素降解菌的分离筛选研究[J].畜牧与饲料科学，2019，40(10)：9-13.

[11] 刘剑，李南林.竹材木质素降解菌的筛选与鉴定[J].林业与环境科学，2020，36(01)：30-35.

[12] 冯茜，国巍，燕红.木质素降解菌的分离筛选及菌丝成球条件优化[J].哈尔滨理工大学学报，2019，24(01)：138-144.

[13] 冯波，林元山，胡超，等.一株木质素降解菌的筛选、鉴定及其漆酶发酵条件的

优化[J]. 湖南师范大学自然科学学报，2015，38(02)：12-16，73，95.

[14] 王华，刘小刚，罗华，等. 木质素降解菌筛选及葡萄枝条木质素降解研究[J]. 西北农业学报，2009，18(05)：302-305，311.

[15] 陈禹竹，唐琦勇，顾美英，等. 一株苯酚降解菌的筛选、鉴定及相关降解特性[J]. 新疆农业科学，2019，56(10)：1912-1920.

·第七章·
中药材微生物资源开发利用实验

中药材发酵能够改变中药材的有效成分、改变活性物质的含量，从而改变药效或药性，提高药物的利用价值。如利用微生物对三七进行发酵，可以更简单地获得稀有皂苷；发酵虎杖，能够使虎杖苷高效转化为白藜芦醇。同时，中药材经过微生物的酶系作用后，纤维部分和木质部分变得疏松，活性成分得到有效的释放，甚至可以产生新的活性物质，极大地提高和改善了药效，减少了药材的浪费，使资源得到充分有效的利用。

经过微生物发酵后，中药材中的活性大分子物质转化为能够被人或动物肠道直接吸收的小分子物质，在人或动物体内能够充分代谢，避免了药物的残留。另外，发酵后的中药材产生的益生元能够促进微生物的繁殖，微生物也可以促进中药材的吸收利用，两者相互作用、协同增效。

科普知识

早在战国时期就有关于"豉"的记载，《楚辞》中记载："大苦咸酸，辛甘行些。"豉，又名"幽菽""嗜"，东汉《释名·释饮食》誉豉为"五味调和，须之而成，乃可甘嗜也。故齐人谓豉声如嗜也"。"嗜"为爱好之意，以"嗜"声称"豉"，表明了齐人对豆豉的喜爱。因"豉"为大豆（古名为菽）封于罐中发酵而成，故亦载有"幽菽"一名，并称其加盐者为"咸豉"。《本草纲目》记载："许慎《说文》谓豉为配盐幽菽者，乃咸豉也。"淡豆豉最早以"豉"为正名收载于魏晋时期的《名医别录》，可见其早期源自食用豆豉，药食两用。

实验一　中药淡豆豉产纤溶酶微生物的筛选

一、实验目的和内容

1.掌握淡豆豉的发酵工艺。

2.了解发酵前后原料活性成分的改变。

3.了解淡豆豉性状的检验方法。

二、实验原理

豆豉是中国传统特色发酵豆制品调味料。豉为豆科植物成熟种子经蒸煮发酵制成，豉有咸淡二种，淡者入药，故名淡豆豉。淡豆豉味苦、甘、辛，性凉，具有解肌发表、宣郁除烦的功能，主治外感表证，如寒热头痛、胸闷、口舌生疮、虚烦不眠等。现代药理研究表明，淡豆豉发酵过程中产生异黄酮、低聚糖、纤溶酶、褐色素等多种生理活性成分，因而具有降血脂、抗氧化、助消化的作用。淡豆豉作为中药材发酵的代表，其制作工艺和质量标准已经被收录入《中华人民共和国药典》。

豆豉的发酵类型有毛霉型、曲霉型、根霉型、细菌型等。本实验的豆豉以黑豆或黄豆为主要原料，利用枯草芽孢杆菌或者细菌蛋白酶的作用，分解大豆蛋白质，分解达到一定程度时，通过加食盐、加酒、干燥等方法，抑制酶的活力，延缓发酵过程而制成，此过程产生的纤溶酶是能催化纤维蛋白水解的酶。纤溶酶因既能直接溶解血栓中的纤维蛋白，又能对纤维蛋白原有一定的作用，因此被作为主要的溶栓药物。

三、实验材料和用具

1.材料与培养基

（1）材料　淡豆豉、牛纤维蛋白原、牛凝血酶。

（2）培养基

① 细菌发酵培养液　脑心浸液肉汤培养基 38.5g/L（固体培养基加 2%

琼脂粉)。

② 酪蛋白培养基　Na$_2$HPO$_4$ 1.3g/L、ZnSO$_4$ 0.02g/L、KH$_2$PO$_4$ 0.36g/L、CaCl$_2$ 2mg/L、NaCl 0.1g/L、琼脂粉 15g/L、酪蛋白 4.0g/L，pH 7.2。

③ 琼脂糖-纤维蛋白平板　称取纤维蛋白原 18.0mg 溶解于 10mL 灭菌生理盐水中，配制成纤维蛋白原溶液，37℃水浴保温；称取 0.16g 琼脂糖加双蒸水定容至 10mL 并溶解，待冷却至 55℃左右加入 0.1mL 凝血酶（160BP/mL），摇匀后加入配制好的纤维蛋白原溶液，迅速摇匀后倒入直径为 100mm 的无菌平皿中，室温平放 1h 以上，待平板凝固。

2.仪器设备

电炉、电磁炉、恒温培养箱、干燥箱、蒸锅、烧杯、培养皿等。

四、实验步骤

1.菌株分离纯化

称取淡豆豉 1.0g，置灭菌研钵研磨后倒入 10mL 试管中，加入无菌生理盐水，振荡 30min。梯度稀释法稀释 10^{-2}~10^{-7} 倍。分别从 6 个梯度稀释液中吸取 0.1mL 均匀涂布于细菌固体培养基上培养。其中细菌 37℃培养约 24h。挑取单个菌落在对应培养基上分离划线，纯化 2~3 次。

2.产纤溶酶菌的初筛

将分离纯化的菌株用无菌生理盐水制备为一定浓度的菌悬液，吸取菌悬液 0.1mL 涂布于酪蛋白平板，于 37℃培养箱培养 1~3d，观察透明圈产生的情况。

3.产纤溶酶菌的复筛

将产生透明圈的菌落接种至相应的发酵培养液中，37℃、200r/min 振荡培养 24h，收集上清菌液，取 10μL 上清液加入至琼脂糖-纤维蛋白平板小孔中验证其纤溶活性，有透明水解圈的即为产纤溶酶的优势菌株。

五、注意事项及安全警示

1.配料的水分尽量控制在 45% 左右，若达到 50% 以上虽然酶解较完全，但容易造成豆豉表面颜色减退，发红甚至脱皮，肉质糜烂；若加水过少酶活性被抑制，水解程度不够，鲜味差。

2.发酵期间，要保证密封。控制温度和湿度，防止杂菌的污染。

六、实验结果分析

分析产纤溶酶菌形成透明圈的原理。

七、问题和思考

1.如何优化纤溶酶产生菌的产酶条件？

2.设计豆豉纤溶酶活力的测定实验。

中药材三七、虎杖的发酵及转化产物分析

一、实验目的和内容

1. 初步了解中药经微生物发酵后活性物质含量提高的发酵过程。
2. 学习中药发酵后药物成分的薄层色谱鉴定方法。

二、实验原理

三七为五加科人参属多年生直立草本植物，以根部入药，其性温、味辛，具有显著的活血化瘀、消肿定痛功效，有"金不换""南国神草"之美誉。三七皂苷中含有的人参皂苷 Rg1、Rb1、Rh2 等生理活性高、应用价值大，但由于含量较低，这些有很高活性的稀有皂苷不易在自然界直接获得。可利用微生物发酵后所产生的糖苷酶类物质水解三七总皂苷，产生三七皂苷R1、人参皂苷 Rg1 和 Rb1 等次级皂苷产物，从而获得一些活性较高的皂苷。

虎杖为蓼科植物，其主要活性成分为白藜芦醇，白藜芦醇具有抑制肿瘤、抗氧化、抗血栓等作用，已被列为抗心血管疾病、抗癌最有前途的药物之一。但是，干燥的虎杖中白藜芦醇的含量仅为 0.1%～0.2%，白藜芦醇苷（虎杖苷）的含量约 2%，虎杖苷需要在人体肠道中被糖苷酶分解转化为白藜芦醇而发挥药理作用，限制了药物的吸收和利用。本实验采用微生物发酵的方法从而提高药物利用率（本实验中三七、虎杖的发酵原理基本相同，可自选一个进行练习），并利用薄层色谱的方法进行发酵产物的鉴定。

三、实验材料、仪器与步骤

1. 三七的发酵及转化产物分析

（1）材料与化学试剂

① 三七药材，人参皂苷 Re、Rg1、Rb1 对照品，氯仿、甲醇、硫酸、乙醇。

② 三七培养基　精密称取三七粉 5g 于培养瓶中，加入 0.1mL 无机盐溶

液（含 10% KH_2PO_4 和 5% $MgSO_4$ 的水溶液），加水定容至 100mL，121℃高压蒸汽灭菌 30min。

③ PDA 培养基　马铃薯 200g、葡萄糖 20g、琼脂 15～20g、蒸馏水1000mL，自然 pH。

（2）仪器设备　药材粉碎机、60 目药筛、恒温摇床、高压蒸汽灭菌锅、培养箱、干燥箱、水浴锅、硅胶 G 板、培养皿、培养瓶、容量瓶、烧杯、蒸发皿。

（3）实验步骤

① 菌种的筛选　将三七根茎粉碎，过 60 目筛，粗颗粒再次粉碎至完全过筛混匀。粉末采用无菌水梯度稀释后，划线接种于 PDA 培养基平板上，菌落长出后挑取不同形态的菌丝分别接种于新鲜培养基上，反复纯化，最终得到单菌落。

② 发酵　将分离得到的目标菌接种于灭菌冷却后的三七培养基中，在30℃下摇瓶发酵 5d，过滤取滤液进行检测。

③ 薄层色谱（TLC）分析　取未发酵的溶液和发酵后的滤液各 5mL，于蒸发皿中，水浴锅上蒸干后取 2mL 甲醇将其溶解，分别点样在薄层色谱硅胶板上。人参皂苷 Re、Rg1、Rb1 对照品用甲醇溶解后点样、晾干，重复多次，增加样点的浓度。以氯仿-甲醇-水（7∶2.5∶0.5）为展开剂，待溶剂展开后挥干。在点样板喷 5%硫酸乙醇溶液后 110℃加热显色。

2. 虎杖的发酵及转化产物分析

（1）材料与化学试剂

① 虎杖药材、白藜芦醇对照品、PDA 培养基、KH_2PO_4、$MgSO_4$、氯仿、丙酮、乙醇、甲醇。

② 发酵培养基　精密称取虎杖粉 5g 于培养瓶中，加入 0.1mL 无机盐溶液（含 10% KH_2PO_4 和 5% $MgSO_4$ 的水溶液），加入 100mL 水，121℃高压蒸汽灭菌 30min，冷却。

（2）仪器设备

硅胶 G 板、培养皿、培养瓶、容量瓶、烧杯、蒸发皿、分析天平、药材粉碎机、60 目药筛、恒温摇床、高压蒸汽灭菌锅、培养箱、干燥箱、水浴锅。

（3）实验步骤

① 菌种的筛选　将虎杖药材粉碎，过 60 目筛，粗颗粒再次粉碎至完全

过筛混匀。粉末采用无菌水梯度稀释后，划线接种于 PDA 培养基平板上，菌落长出后挑取不同形态的菌丝分别接种于新鲜培养基上，反复纯化，最终得到单菌落。

② 发酵　将第一步分离得到的目标菌接种于灭菌冷却后的虎杖培养基中，在 30℃下摇瓶发酵 5d，过滤后取滤液进行检测。

③ 薄层色谱（TLC）分析　取未发酵的溶液和发酵后的滤液各 5mL，于蒸发皿中，水浴锅上蒸干后取 2mL 甲醇溶解。以白藜芦醇为对照品，点样在同一块硅胶 G 板上，以氯仿-丙酮-乙醇（4：4：1）为展开剂，上行展开后，在紫外线灯下观察荧光斑点。

四、注意事项及安全警示

氯仿、丙酮属于易挥发、易制毒试剂，使用时应在通风橱内进行。

五、实验结果分析

1.记录样品薄层色谱分离现象。
2.计算发酵产物的含量。

六、问题和思考

1.使用薄层色谱法需要注意哪些事项？
2.简述薄层色谱法分析的具体操作步骤。

实验三　人参发酵及产物活性变化检测

一、实验目的和内容

1. 了解人参药材的主要活性物质和药效。
2. 理解人参发酵过程的原理。
3. 学习高效液相色谱仪的原理及使用方法。

二、实验原理

人参有"百草之王"之美称，为五加科人参属多年生草本植物。人参是传统的中药材，现代药理研究表明人参具有滋补、抗疲劳、扩张血管、提高免疫力及抗肿瘤等诸多作用。在人参的各种活性成分中，人参皂苷是人参主要的生理活性物质，也是人参成分中最有效的药用成分。使用植物乳酸菌发酵人参，可通过生物转化改变和提高人参提取物中皂苷的含量。本实验将筛选的植物乳杆菌接种至含人参的培养基中发酵培养，并通过高效液相色谱检测发酵液中的人参皂苷含量，从而判断所筛选菌株的发酵能力。

三、实验材料和用具

1. 材料与化学试剂

泡菜盐水、过筛后的人参粉末、MRS培养基（乳酸细菌培养基）、革兰氏染液、三氯甲烷、正丁醇、乙醚、甲醇等。

2. 仪器设备

培养瓶、容量瓶、烧杯、蒸发皿、高效液相色谱仪、药材粉碎机、60目药筛、恒温摇床、高压蒸汽灭菌锅、培养箱、干燥箱、水浴锅。

四、实验步骤

1. 植物乳杆菌的筛选分离

泡菜盐水进行10倍梯度法稀释，选取合适的稀释度，向平板中加入

1mL 稀释液，再倾入冷却至 55℃左右的含有 2%碳酸钙的 MRS 培养基，混合均匀后静置冷却凝固。放入培养箱，30℃倒置培养 36～48h 后，挑取有较大溶钙圈的单菌落，在 MRS 培养基上进行划线纯化培养。挑选乳白色的单个菌落进行革兰氏染色、镜检、触酶实验，选取实验结果为革兰氏阳性、触酶阴性的菌株进行 4℃斜面保藏和液体保藏，备用。

2. 发酵

将人参药材剪断后粉碎，过 60 目筛，粗颗粒再次粉碎至完全过筛混匀，精密称取人参粉末 10g 于 MRS 液体培养基，把筛选出的植物乳杆菌接入该液体培养基中，调节 pH 值为 5.0，35℃恒温摇床发酵 2d。

3. 高效液相色谱检测（HPLC）

（1）未发酵样品处理　取本品粉末（过四号筛）约 1g，精密称定，置索氏提取器中，加三氯甲烷加热回流 3h，弃去三氯甲烷液，药渣挥干溶剂，连同滤纸筒移入 100mL 锥形瓶中，精密加水饱和正丁醇 50mL，密塞，放置过夜，超声处理（功率 250W，频率 50kHz）30min，过滤，弃去初滤液，精密量取续滤液 25mL，置蒸发皿中蒸干，残渣加甲醇溶解并转移至 5mL 量瓶中，加甲醇稀释至刻度线，摇匀，过滤，取续滤液。

（2）发酵样品处理　取 10mL 发酵液置于分液漏斗中，向其中加入 100mL 的乙醚脱脂，分三次进行。然后取 100mL 水饱和正丁醇萃取发酵液中的皂苷，分三次进行。最后，将三次萃取液收集，45℃减压蒸发至干，用 3mL 甲醇溶解即得。

（3）色谱条件　以十八烷基硅烷键合硅胶为填充剂；以乙腈为流动相 A，以水为流动相 B，进行梯度洗脱（0～35min，19%A；35～55min，19%～29%A；55～70min，29% A；70～100min，29%～40% A）。柱温 35℃，检测波长 203nm。

（4）精密称取人参皂苷 Rg1 对照品、人参皂苷 Re 对照品及人参皂苷 Rb1 对照品，加甲醇制成每 1mL 各含 0.2mg 的混合溶液，摇匀，分别精密吸取对照品溶液 10μL 与供试品溶液 10～20μL，注入液相色谱仪测定。

五、注意事项及安全警示

1. 三氯甲烷对光敏感，遇光照会与空气中的氧作用，逐渐分解而生成剧毒的光气（碳酰氯）和氯化氢，吸入或经皮肤吸收会引起急性中毒。

2.乙醚蒸气与空气可形成爆炸性混合物，遇明火、高热极易燃烧爆炸。与氧化剂能发生强烈反应。在空气中久置后能生成有爆炸性的过氧化物。

六、实验结果分析

1.根据图谱分析人参皂苷保留时间和峰形情况。
2.计算人参皂苷含量。

七、问题和思考

1.如何对乳酸杆菌进行分离？
2.简述革兰氏染色的具体操作步骤。

实验四　酒曲发酵法炮制传统中药百药煎

一、实验目的和内容

1. 掌握百药煎的制作工艺。
2. 理解发酵前后药性改变的原理。
3. 了解百药煎的基本性状。

二、实验原理

百药煎为五倍子与茶叶等经发酵制成的块状物。《本草纲目》论述："百药煎，功与五倍子不异。但经酿造，其体轻虚，其性浮收，且味带余甘，治上焦心肺、咳嗽痰饮、热渴诸病，含噙尤为相宜。"五倍子中含有鞣质，易与蛋白质结合生成沉淀，在胃肠道内容易刺激胃肠黏膜，从而引起食欲不振等不良反应。而发酵后的百药煎，产生了新的氨基酸，能够促进胃肠道黏膜吸收食物中的蛋白质，避免了鞣质在胃肠道的消耗，避免了不良反应。

百药煎性状为：闻之具有芳香气，无霉烂发臭的不良气味，表面布满白霜。以放大镜观察可见到菌丝及未成熟的孢子菌丝，且有明显"发缸"现象。本实验用酒曲发酵法制备传统中药百药煎，即直接利用酒曲与茶渣、五倍子混合，观察菌丝产生情况。

三、实验材料和用具

1. 材料与化学试剂

五倍子、绿茶、酿酒酒曲。

2. 仪器设备

电炉、恒温培养箱、干燥箱、研钵、烧杯等。

四、实验步骤

将五倍子、茶叶分别粉碎、过筛。称取五倍子 10g、酒曲 1g 于洁净研钵中。称取绿茶 0.6g 于烧杯中，加入 50～100mL 水，煎煮至茶汤约为 10mL。茶汤冷却，连同茶渣一起倒入已混匀五倍子和酒曲的研钵，搅拌均匀后制成小方块放于培养皿中，盖好皿盖，以保鲜膜密封，置于恒温培养箱中，37℃发酵 2～4d。观察长满白色菌丝时取出，晒干。

五、注意事项及安全警示

1. 材料在过筛前要注意除燥与充分干燥，避免对试验数据产生影响，若干燥不彻底、粉碎不充分，不能发酵彻底。

2. 发酵过程要注意密封，避免造成微生物污染。

六、实验结果分析

记录发酵过程发生的现象，以及产生白色菌丝的时间等。

七、问题和思考

1. 发酵过后，以何种方式检测发酵产物？

2. 何为"发缸"现象？其对实验结果有何影响，该如何控制？

实验五　中药渣发酵后粗蛋白含量测定

一、实验目的和内容

1. 了解药渣发酵的原理。
2. 掌握固体发酵的方法。
3. 掌握凯氏定氮法测定粗蛋白含量的原理及方法。

二、实验原理

中药渣一般含水量较高，极易腐败，目前大多数废弃药渣的处理方式为填埋或焚烧，会对环境造成严重的污染。中药废渣大多是植物残体，含有蛋白质、纤维素、多糖等可利用成分，及时对其进行综合利用，不仅可以解决污染问题，还可带来一定的经济效益。如利用微生物发酵法将中药渣制成蛋白饲料、生物有机肥、培养基质、微生物絮凝剂等。利用食用真菌香菇生长过程中分泌的一系列的酶，可将纤维素、木质素等大分子物质降解。同时能将中药废渣转化为菌体蛋白和香菇多糖，而香菇多糖具有抗肿瘤、增强免疫力等药理作用。利用香菇的这一特性，可以开发新型免疫增强作用饲料。

本实验通过凯氏定氮法测定样品中氮的含量，推定粗蛋白的含量。由于蛋白质为含氮有机物，利用硫酸将其转化为硫酸铵，经强碱蒸馏作用后逸出氨，硼酸吸收氨后，再经酸滴定，即可测出氮含量，乘以系数 6.25 即可得到粗蛋白含量。

三、实验材料和用具

1. 材料与化学试剂

药渣、香菇菌种、PDA 培养基、硫酸、盐酸、氢氧化钠。

2. 仪器设备

消煮炉、凯氏定氮仪、培养箱、滴定管。

四、实验步骤

1.菌种活化

配置好 PDA 液体培养基，取保藏好的香菇菌种，接种三代，25℃振荡培养 48h 后备用。

2.发酵

称取中药废渣 100g，发酵前测定药渣的粗蛋白含量。使用磷酸缓冲溶液调节 pH 为 6，按照 8％的接种量接入香菇菌种，混合均匀后用保鲜膜密封，放置 25℃培养箱中发酵 5d，发酵后再次测量药渣的粗蛋白含量。

3.粗蛋白含量测定

大多数蛋白质含 16％的氮，粗蛋白含量就是样品中的氮含量乘以系数 6.25，因此可采用测定样品中氮的含量来估算粗蛋白的含量。本实验以发酵前后的药渣作为样品，比对发酵过程中蛋白质含量的变化。具体方法如下：称量前需混匀药渣，粉碎过筛，称取 0.5～1.0g 样品（总氮量 5～80mg）于消化管中，加入催化剂（6.0g 硫酸钾、0.4g 硫酸铜）和 12mL 硫酸，于 420℃消煮炉上消化 1h，取出，冷却至室温。向消化管内加入 10mL 40％氢氧化钠溶液蒸馏 5min，使用 2％硼酸吸收液吸收蒸馏物，直至流出液的 pH 为中性。用盐酸标准溶液（0.1mol/L）滴定硼酸吸收液，溶液由蓝绿色变成灰红色为滴定终点，用盐酸标准溶液消耗量计算样品粗蛋白含量。

五、注意事项及安全警示

1.定氮过程中所用试剂应用蒸馏水配制。
2.定氮仪各连接处以及外套橡皮管绝对不能漏气。

六、实验结果分析

计算样品粗蛋白含量。

七、问题和思考

1.发酵过程中使用磷酸缓冲溶液的目的是什么？
2.检测粗蛋白含量时，用盐酸标准液滴定的机理是什么？

参考文献

[1] 贾亭亭. 淡豆豉发酵工艺及其休闲食品开发[D]. 大庆：黑龙江八一农垦大学，2015.

[2] 吕美云，刘紫英. 豆豉中 5 株产纤溶酶菌的筛选与鉴定[J]. 大豆科学，2016，35(01)：165-170，180.

[3] 张旭，唐非，彭良斌，等. 豆豉中解淀粉芽孢杆菌发酵产纤溶酶[J]. 食品研究与开发，2013，34(24)：239-243.

[4] 牟光庆，孙园，霍贵成. 豆豉纤溶酶产生菌的产酶条件优化[J]. 中国酿造，2007(02)：30-33，63.

[5] 田翠. 三七皂苷转化菌株的筛选及其转化产物的分离纯化与鉴定[D]. 上海：上海师范大学，2008.

[6] 刘华金. 虎杖内生菌高效转化白藜芦醇苷的研究[D]. 长沙：湖南农业大学，2012.

[7] 李磊. 人参皂苷生物转化及人参发酵产物活性研究[D]. 长春：吉林农业大学，2011.

[8] 王文宝. 人参的活性成分及其发酵产物的定量研究[D]. 延边：延边大学，2006.

[9] 陈祎甜，张振凌，王瑞生，等. 五倍子发酵炮制百药煎主要药理作用比较研究[J]. 中华中医药学刊，2021，39(01)：187-192.

[10] 胡梦. 百药煎传统炮制过程中微生物的分离、鉴定及降解鞣质最佳菌种组合的筛选[D]. 上海：中国医药工业研究总院，2018.

[11] 彭璐，龚千锋，李小宁，等. 百药煎炮制历史沿革及现代研究[J]. 江西中医药大学学报，2016，28(02)：113-116.

[12] 李诗卉，刘月新，吴萍，等. 中药药渣发酵研究[J]. 亚太传统医药，2019，15(08)：185-188.

[13] 李芳蓉，李宏伟，田永峰，等. 中药渣固态发酵生产蛋白饲料研究与应用[J]. 饲料研究，2019，42(04)：94-99.

[14] 袁琪，李伟东，郑艳萍，等. 中药渣的深加工及其资源化利用[J]. 生物加工过程，2019，17(02)：171-176.

·附录一·
微生物实验室禁止标识和警告标识

附表 1   微生物实验室常用禁止标识

图形标识	名称	设施场所
	禁止入内	可引起职业病危害的作业场所入口处或泄险区周边，如可能产生生物危害的设备故障时，维护、检修存在生物危害的设备、设施时，根据现场实际情况设置
	禁止通行	有危险的作业区，如实验室、污染源等处
	禁止吸烟	禁止吸烟的场所，如实验室区域、二氧化碳储存场所和医院等
	禁止烟火	实验室易燃易爆化学品存放、使用处和实验室操作区

图形标识	名称	设施场所
	禁止明火	实验室易燃易爆化学品存放、使用处和实验室操作区,如通风橱、通风柜和药品储存柜等
	禁止堆放	消防器材存放处,消防通道、便携式洗眼器和紧急喷淋装置附近
	禁止靠近	不允许靠近的危险区域,如变电设备、高等级生物安全实验室设备机房等附近
	禁止用嘴吸液	实验时,禁止用口吸方式移液
	禁止饮食	易于造成人员伤害的场所,如实验室区域、污染源入口处、医疗垃圾存放处和手术室等
	禁止存放食物	禁止存放食物的区域或地方,如实验室区域和手术室等

附表 2　微生物实验室常用警告标识

图形标识	名称	设置场所
	生物危险	易发生感染的场所，如生物安全二级及以上实验室入口、菌毒种及样本保藏场所的入口、感染性物质的运输容器表面等
	当心火灾	易发生火灾的危险场所，如实验室储存可燃性物质的橱柜、地点等
	当心化学灼伤	存放和使用具有腐蚀性化学物质处
	当心中毒	剧毒品及有毒物质（GB 12268—2012中第6类第1项所规定的物质）的存储及使用场所，如试剂柜、有毒物品操作处
	当心紫外线	紫外线造成人体伤害的各种作业场所，如生物安全柜、超净台和实验室紫外消毒区等
	当心动物伤害	实验过程中可能有动物攻击的场所，如动物咬伤、抓伤等，造成人员伤害的场所
	危险废物	危险废物贮存、处置场所，如盛装传染性物质的容器表面，有害生物制品的生产、储运和使用地点

·附录二·
常用培养基的配制

1. 牛肉膏蛋白胨培养基

牛肉膏 3g，蛋白胨 10g，NaCl 5g，水 1000mL，pH 7.4～7.6，0.1MPa 压力，灭菌 20min。配制半固体 3～5g；配制固体 15～20g。

2. 高氏 I 号培养基

可溶性淀粉 20g，KNO_3 1g，$K_2HPO_4 \cdot 3H_2O$ 0.5g，$MgSO_4 \cdot 7H_2O$ 0.5g，NaCl 0.5g，$FeSO_4 \cdot 7H_2O$ 0.01g，水 1000mL，琼脂 15～20g，pH 7.4～7.6，121℃灭菌 20min。配制时可溶性淀粉要先用冷水调匀后再加入至以上培养基中。

3. 马铃薯培养基

马铃薯 200g，葡萄糖 20g，琼脂 15～20g，蒸馏水 1000mL，自然 pH。

4. 麦氏培养基

葡萄糖 1.0g，KCl 1.8g，酵母汁 2.5g，醋酸钠 8.2g，琼脂 15g，蒸馏水 1000mL，自然 pH，0.06MPa 灭菌 30min。

5. 伊红美蓝培养基

蛋白胨 10g，乳糖 10g，磷酸氢二钾 2g，琼脂 20～30g，蒸馏水 1000mL，2%伊红水溶液 20mL，0.65%美蓝水溶液 10mL，pH 7.1～7.4，0.06MPa 灭菌 20min。